ワインとチーズ、おいしい食卓

佐原　秋生

ワインとチーズ、おいしい食卓

もくじ

01 チーズの食べかた、タイミング

家庭で気軽に肩肘張らずに楽しむための「ワインとチーズ、おいしい食卓」のお話をすることになりました。どんな話ができるかわかりませんが、思いつくままにとりとめなく、いろいろおしゃべりする気分で行きましょう。

このところのワインの広まりは驚くほどで、酒屋さんやデパートのお酒売場はもちろん、スーパーやコンビニでも、棚にズラリと赤ワインや白ワインのボトルが並んでいます。値段も最近はグンとお手頃になっており、ワンコインぐらいのものもあります。ひと昔前には、ワインを普及させるために、「金曜日にはワインを」というコマーシャルがありましたけど、今では「毎日でもワインを」状態です。種類もずいぶん増えていますね。また、「赤はフランス、白はドイツ」などと言われたものですが、今ではイタリアやスペインやアメリカをはじめ オーストラリアやニュージーランド、チリやアルゼンチンのものまで入っているし、国産も山梨や北海道だけでなく、長野や山形など様々な県のワインが出回っています。

ワインを追いかける感じで、チーズも急ピッチで広まっています。日本では長い間、石けんみたいなカタマリの国産チーズを切って、カナッペにして食べていました。そのうちにスライスした「溶けるチーズ」が売り出され、ふりかけスタイルの外国チーズも輸入されました。今ではハードタイプとかフレッシュタイプとか、白かびタイプとか青かびタイプとか、産地もフランスやイタリア、ドイツやスイス、オランダやデンマーク、イギリスやオーストラリアと、まことに賑やかです。

困るのは、輸入チーズの値段が高いことです。昨日近所のスーパーで買ったスイス産のハードタイプが六二〇円、フランス産の白かびタイプが三九八円、デンマーク産の青かびタイプが六二八円、ほんの小さなカット三つで合計一六四六円ですから、とても「毎日でもチーズを」とはなりません。お手頃値段のワインがどんどん増えたように、お手頃値段のチーズも早く増えてもらいたいものです。

まずチーズの話から始めましょう。皆さんはチーズをどんな形で召し上がっていますか。カナッペで、トーストに載せて、パスタにふりかけて、でしょうか。食べ方は大きく分けて、二通りだと思います。一つは料理の材料に使う食べ方、もう一つはチーズそのものを食べる食べ方です。

チーズは料理の材料に使われますね。主役として登場するフォンデュやラクレットといった特殊な例を別にしても、トマトとチーズのサラダ、チーズオムレツ、魚のチーズ焼き、鶏のチーズソース煮、チーズ春巻、チーズカレー、チーズ餡、チーズトルティーヤ、チーズケーキなど、各国の料理に組み入れられて、出番もオードブルからメインディッシュからデザートから、至るところです。チーズはちょっと万能調味料的で、どんな料理でもまるくあたたかく、口当たりよくまとめ上げてしまう力があります。言い換えると、チーズを加えさえすれば何となくおいしくなるの

01 チーズの食べかた、タイミング

で、味をごまかすためにはとても便利です。「ごまかす」は「胡麻化す」で、何でもゴマを加えればその味に仕立て上がっておいしく感じられるからそう言うのだ、と聞いたことがあります。これは決してチーズやゴマの悪口ではなく、むしろそれほどみんなにウケるという意味でしょう。

さてもう一つの、チーズをそのまま食べる方です。食べるタイミングは三つあります。その一は、食事の前です。カナッペはその代表ですね。食事本体が始まる前に、オードブルとして、食前酒の友に出されるものです。ついでですが、オードブルは「オー」が「外」、「ド」が「の（英語のオヴ）」、「ブル」が「作品」、合わせて「（食事という）作品の外」で、外なんだから前でも後でもいいわけですけど、普通は前だけに使われる言葉です。お酒ばかり飲んでては酔っぱらうし、酔っぱらいはしなくても物足りなく淋しいので何かほしい、その時用の「おつまみ」です。「食前にカクテル」の国アメリカでは、チーズがこの形で出

されることが多く、北米育ちの私の父も母に「おい、チースくれ」と言って、ウィスキーと一緒によく食べていました。（父はなぜか「チース」と、濁らずに発音していました）

その二は、食事の後というかメインディッシュの次です。フランスではこのタイミングで勧められます。メインディッシュの次はデザートじゃないのか。そうです、フランスの食事では、チーズはデザートの一種扱いです。それほど高級でないレストランの定食コースでは、「チーズか（甘い）デザートか」がチョイスになっているくらいです。もちろんお金さえ払えば、両方食べてかまいません。フランス人はちゃんとした食事なら、たいていまずチーズを食べ、その後で甘いデザートに取りかかります。日本のレストランでも最近は、メインディッシュの後デザートの前に、チーズを食べる人をかなり見かけるようになりました。

また「ひと昔前」の話を聞いて下さい。私はパリに住んでいた間に、来る日も来る日も日本からの旅行者をフランス料理でもてなすのが仕事の時期がありました。その頃はメインディッシュの後にチーズを食べる日本人は滅多になく、せいぜい二〇人に一人の割合でした。ある時、会社の後輩の妹さんが一人旅で訪ねて来たので、レストランに招待しました。メインディッシュが終わり、ウェイターが型どおり「チーズはいかがですか」と訊ねました。私はほとんどの日本人が食べないし、彼女も例外ではなかろうと思い、「いいんですよ、食べなくても。一応きくことになっているからきいてるだけです」と、気を遣いました。すると、「え!チーズですかあ?私、大好きなんです」。珍しい反応に嬉しくなって、「そうですか！ いやあ、珍しいなあ。貴女はフランス通なんですねえ」。ところが、運ばれたチーズを一口食べた彼女は、「あのお、これってチーズですよね。チーズはちょっと……メインディッシュの後だから、チーズケーキかと思って」。いったん盛大に感心して見せてしまった私は、「そうですね、そうそう、そう思うのは当然です。メインディッシュの後にチーズを食べるフランス人のほうが変わってるんです。いいです、いいです、そのまま残して下さい」と、フォローするのに汗をかきました。

フランス人にとってのチーズを、日本人にとっての漬物にたとえる人がいます。日本人は飲み食いした後、ご飯にお茶をかけて漬物でサラサラやって、満腹満足したりしますね。フランス人もメインディッシュを片づけてから、残ったワインでパンとチーズをパクパクやって、ようやく満腹満足するというのです。確かに、どちらもそれで心理的にも落ち着くらしく見えます。甘いデザートは、日本人もフランス人も別腹です。

その三は、前でも後でもなく、チーズ自体が食事というケースです。いまの例になぞらえれば、シメのお茶漬ではなく、お茶漬が独立の一回の食事になるケースで、日本でも時々やりますね。大したものじゃなく、軽く何か食べておきたい。まあ軽い食事代わりです。そうした時にフランス人は、チーズとパンとワインだけの「食事」をするのです。

02 ナチュラルチーズとプロセスチーズ

私たちに一番身近なチーズは何でしょうか。代表的なのは、薄切りを一枚ずつ包んだスライスチーズと、扇型や四角の厚切りを一つずつ包んだベビーチーズでしょう。食べてみると、どちらも味は似ていて、形によって食感が違うくらいです。私たちのチーズのイメージは、このタイプのチーズが出発点ですね。今は食品の包装紙に中身の説明が書いてあります。それにはどちらの場合も、「種類別」欄に「プロセスチーズ」、「原材料名」欄に「ナチュラルチーズ」と記されていま

す。どうやらスライスチーズもベビーチーズも、ナチュラルチーズを原料にしたプロセスチーズ、というもののようです。

そもそもチーズには、大きく分けて二種類あります。一つはナチュラルチーズ、もう一つがプロセスチーズです。ナチュラルチーズは、「ナチュラル＝自然の」と言うとおり、ミルクを発酵させて固めて水分を取ったり熟成させたりした、自然のものです。なので「種類別」は「ナチュラルチーズ」、「原材料名」は「生乳、食塩」になりま

02　ナチュラルチーズとプロセスチーズ

す。プロセスチーズは、「プロセス＝処理加工した」と言うとおり、そのナチュラルチーズを加熱して溶かして乳化させ、型に入れて冷やし固めた加工品です。なので「種類別」が「プロセスチーズ」、「原材料名」が「ナチュラルチーズ、乳化剤」になるのです。

プロセスチーズは中の微生物が死んでしまっているため、それ以上は熟成しません。言い換えれば、品質が安定しています。どのナチュラルチーズを原料に使うかなどによって、風味に少しは違いがあるものの、ナチュラルチーズに比べると、味自体に大きな差はないと言えます。日本ではプロセスチーズがまずデンと存在し、様々なナチュラルチーズが加わって来ているところですが、ヨーロッパでは反対に、様々なナチュラルチーズが幅を利かせ、プロセスチーズは少数派として、隅に小さくなっている感じです。

わが家の近所のコンビニの棚に、○○北海道十勝カマンベールというのがありました。その隣には、××パルメザンチーズが並んでいます（○○や××は会社の名前だから伏せただけです）。両方とも「種類別」は「ナチュラルチーズ」です。カマンベールとかパルメザンとかは何なのでしょうか。

カマンベールはもともと、フランスのノルマンディ地方で作られるチーズの名前です。白かびで覆われた表面が特徴で、中はクリーミーです。世界で最も知られたチーズかも知れません。あまり有名になったもので、それこそ世界中のチーズにその名前がつけられ始めました。「銀座」が「繁華街」の代名詞に使われて、各地に何々銀座が出来たように、何々カマンベールがたくさん出来ました。北海道十勝カマンベールもその一つです。中には本来のカマンベールとは大分違った作り方をして、大分違った味になっているものもあります。本家が規制したくても、これだけ広まって、もう言わば普通名詞状態になっている「カマンベール」を、いまさら固有名詞だから使うなとも言えません。仕方なく、本家の側がカマンベール・ド・ノルマンディと名乗って、他は知らんということになっているのです。

ついでですが、あの白かびの皮は食べられるのでしょうか。食べられはします。かびと聞いて気持ち悪がることはありません。全く無害です。私は皮自体をおいしいとは感じないので切り外したいのですが、小さいものは切り外すと中身が哀しいほど少なくなるため、エイヤと皮ごと食べます。幸い日本のカマンベールは皮も優しくて、あまり抵抗がありません。優しくない、しっかりとしたフランスのカマンベールのあの皮こそがウマイのだと主張する、通と称する変わった人もいます。

パルメザンも、もともとは北イタリアのパルマ付近で作られるチーズの名前です。カチンカチンに堅い、直径四〇センチ以上の、太鼓みたいな形のチーズです。これも世界的に名高く、世界中でその名前がつけられてしまい、規制したくてもし

02 ナチュラルチーズとプロセスチーズ

ようがなく、本家であるパルマ側が近くのレッジョネレミリアと名前をつなげ、パルミジャーノ・レッジャーノと名乗って、他は知らんということになっているのです。すりおろしてふりかけるのが一般的ですけれど、ふりかける粉チーズすべてをパルメザンと呼ぶわけではありません。

コンビニからスーパーに移ると、△△モッツァレラや▽▽北海道一〇〇芳醇ゴーダも置いてありました。モッツァレラの方は「種類別」がプロセスチーズ、「原料チーズ中にモッツァレラチーズを六〇％以上使用」とあります。モッツァレラはイタリアの真白なフワフワチーズで、それを多く使った日本製プロセスチーズという意味です。ゴーダの方は「種類別」がナチュラルチーズ、「北海道産の生乳を一〇〇％使用」とあります。ゴーダはオランダの黄色い堅めのチーズで、それに似せた日本製ナチュラルチーズという意味です。

このように、外国産の有名チーズの名前をつけた国産チーズが、いくつも出回っています。それらは本家のチーズを原料に使ったプロセスチーズだったり、本家と同じタイプに仕上げたナチュラルチーズだったりなのだと、心得ておく必要があるでしょう。

同じ棚に＊＊チーズフォンデュという、小さな紙箱がありました。「エメンタール入り、ナチュラルチーズに占める割合二〇％」と書いてあります。「名称」欄は「乳等を主要原料とする食品」、「原材料名」は「ナチュラルチーズ……」です。フォンデュはよく聞く言葉ですね。アルプス地方の名物料理で、鍋にニンニクをこすりつけ、チーズに白ワインやブランデーを加えて溶かし、串に刺した焼いたパンですくって食べる、あれです。鍋を火にかけたまま、それを囲んで、鍋に入れたのと同じ辛口のシンプルな白ワインを飲みながらみんなでワイワイやるのは楽しく、特に寒い季節には向いています。この製品はそれをお手頃に、電子レンジでチンすればすぐに食べられるように仕立ててあり、あとはパンにつければいいだけです。使うチーズはいろいろですが、エメンタールが定番とされていて、この箱に書いてあるのは、そのエメンタールをしっかりと、二〇％は使ってありますよ、ということです。エメンタールは、スイスのエメンタール地方で始まった大きな円盤形の堅いチーズで、大きい穴があいているのが特徴です。フランスの各地でも作られています。

フォンデュとはフランス語で「溶かした」という意味です。チーズフォンデュと似た作りのデザートに、チョコレートフォンデュがあります。チョコレートを溶かしてミルクと混ぜ、鍋は優雅じゃないのできれいな保温器に入れて、串に刺したスポンジケーキや果物ですくって食べるものです。また、何も溶かさないのに、似た食べ方をするためフォンデュとついている料理に、ビーフフォンデュがあります。料理が好きなかたはご存知の、フォンデュ・ブルギニョンです。鍋に油を入れて火にかけ、串に刺した角切りの肉をそれに浸して加熱し、手許に置いた各種のソースをつけて食べるものです。フランスのブルゴーニュ地方を表わす単語ブルギニョンは、単に牛肉煮込みのブルゴーニュ風からの連想で添えただけであり、この料理はブルゴーニュ地方とは関係ありません。

03 ブドウの皮がワインの色を

今回はワインのお話です。ワインはブドウのお酒です。ワインという言葉自体が、もともと「ブドウで造った酒」から来ているので、ブドウ以外の材料のものは、本来のワインではないのです。ですが日本では、「西洋の酒」ぐらいの意味に使われていて、リンゴワインとかモモワインとかミカンワインとかも見かけます。中学の頃、「日本酒はライスワインと説明すればいい」と、英語の先生が言っておられたのを覚えています。

赤ワイン白ワインの色はブドウの色、正確にはブドウの皮の色です。ブドウは大きく分けて、黒ブドウと白ブドウですね。赤ワインは黒ブドウで造り、白ワインは白ブドウで造ります。ただ、黒ブドウも皮をむけば中身の色は白ブドウと同じですから、黒ブドウで白ワインも出来ます。黒ブドウの皮の色がワインを赤く染めるわけです。

その中間の、ロゼワインというものがあります。「ロゼ」はバラ色の意味のフランス語で、要するにピンク色のワインです。色としては赤と白を混ぜるとピンクになりますが、ロゼワインは赤ワインと白ワインを混ぜるのではなく、黒ブドウの皮の色がうっすらついた段階で皮を取り除いてしまうのです。三月はこのロゼワインがよく売れると、ホテルの人から聞いたことがあります。三月は卒業の季節、大学の卒業には謝恩会がつきもの、明かるいうちからチューハイやら日本酒やらウィスキーはどうもマズイ、ワインなら何となく許される気分、特に女子学生にはキレイいやカワイイ色のロゼワインが人気、だからだそうです。

他に触れておかなければいけないのがシャンパンです。炭酸がシュワーッと来る、あの発泡酒です。一般のワインとの違いは泡があるかないかであり、ブドウで造るのに変わりなく、あれも立派にワインです。泡が立つのは、大まかに言えば、発酵を二回するためです。その分テマが余計にかかり、従って値段も高くなります。白ワインにあとからガスを吹き込んで簡便に仕上げた「シャンパンもどき」は、テマもかかっていませんから、値段も高くありません。お店の棚にエラク安めのシャンパン的なボトルがあれば、この「もどき」品と思っていいでしょう。シャンパンという名称は、フランスのシャンパーニュ地方産だけに限定されており、「もどき」品はもちろん、造り方がシャンパンと同じでも、シャンパーニュ地方以外で出来るものは、シャンパンとは名乗れません。発泡しているのはすべてシャンパン、ではないんですね。それらはスパークリング（泡立つ）ワインと呼ばれて、値段はシャンパンと「もどき」品との中間であるのが普通であり、お味の方もほぼ値段に相応しています。シャンパンではなく、シャンペンと言う人もいます。シャンパンはシャンパーニュのフランス語式発音が訛った形、シャンペンは英語式発音のシャンペインが訛った形です。フランスの地方の名前なんだからフランス発音に近い方がよかろうと、私は日本語ではシャンパンと言うことにしています。

さきほど、リンゴワインが出て来ました。フランスのリンゴワインはアルコール度がワインよりやや低め、味はやや甘め、炭酸ガスを加えてあるので、栓を抜くと発泡します。ちょっとシャンパンに似た感じです。ブドウが材料でないこのお酒はワインには含まれず、シードルという別の名前がついています。シードルは英語読みではサイダーになります。日本の無色の甘い発泡性ノンアルコール清涼飲料水は、その「サイダー」の名を頂戴したものです。

ついでに一つ、シャンパンと聞くと、乾杯を連想しますね。泡の立ち昇る雰囲気が楽しさを演出して、食事の初めにふさわしいものです。このあいだ、レストランのテーブルでシャンパングラスを手に乾杯する時に、「乾杯のグラスは、お互いにカチンとやるものですか」と訊かれました。「まあ、カチンはやってもやらなくてもいいでしょう。すぐ近くの人とならしても結構ですけど、離れた人とムリにグラスを当てる必要はないと思います。笑顔で目を合わせれば十分ですよ」とお話しました。確かに日本では、律気に？その

場の全員とグラスをカチンしようとする人がいますが、多くの国ではそこまでしていません。

ついでばなしを続けましょうか。ワインをグラスに注がれる際のことです。サービスする係にせよ一緒に食べている友達にせよ、誰かがワインを注いでくれようとすると、こちらは自分のグラスを持ち上げて、受けようとしますね。あれはやらないものです。私たちは日本酒のやりとり、「まあ一杯どうぞ」「いやどうも、オットット」が身についていて、盃を差し出すのが当たり前と考えています。考えるより何より、身体がそのように反応してしまいます。ビールでもコップを出します。盃やコップを手にしないでいたら、「何だこの野郎、人が注いでやろうとしているのに、失礼なヤツだ」と思われるに決まっているからです。ワインではそれをしないとしたら、どうするのか。グラスに手を触れず、注がれるのを平然と見ているのです。見ていなくていい、とにかくグラスを持たず、注がれるままにしていることです。相手は重いボトルを手に、そこにあるグラスを目がけて傾けて来るのです。こちらにその目標を動かされては、やりにくくて堪ったものではありません。これはワイン文化の地の習慣であり、日本酒文化の仲間同士ならグラスを持ち上げても差支えありませんが、それでもレストランではしない方が無難でしょう。と、頭では知っていながら、何せ身体が反応して、思わず手が伸びることがあります。慣れない頃の私がそうでした。伸ばしたところで気がついて、グラスを持ち上げず、底の平たい部分を指先で押さえたりしました。あれは持とうとしたのではなく、グラスが引っくり返るのを予め防がんとする深～い配慮を示しているのだ、などと誰も思いはしないでしょうけど、一旦伸ばした手を空しく引っ込めるよりはカッコ悪くない方法として、これは皆さんにお勧めしています。

さて、ワインの本場はどこなのでしょうか。ワインは世界のあちこちで造られています。私たちのまわりでも、フランス、イタリア、ドイツ、スペイン、アメリカ、チリ、オーストラリア、そして日本と、いろいろな国のワインを見かけます。ワインはブドウのお酒で、ブドウがなければワインは出来ません。ブドウの原産地は今のイラン付近と言われますから、初めにワインが造られたのはこの辺りでしょう。「本場」が「モトモトはどこか」なら、イランになります。あまりイメージにピッタリしませんね。

ブドウはイランから西へ東へと、ワイン造りと共に広まって行きました。「西へ東へ」であって、「南へ北へ」ではありません。暑過ぎたり寒過ぎたりの土地では、ブドウは育たないのです。現在のワイン生産地も、すべて温帯に位置します。また、ブドウの生育に余りに適した土地では、簡単にブドウが育ってワインが出来てしまうため、技術が発達しません。結局のところ、暑過ぎもせず寒過ぎもせず、適し過ぎもせず適しなさ過ぎもせずの西ヨーロッパ、特にフランスで、ブドウ造りワイン造りが最も進展しました。この西ヨーロッパの技術が南北アメリカやオセアニアや日本などに伝えられて、各地でワイン造りが盛んになったのです。いま生産量が一番多いのはイタリアとフランス、これにおいしさの評判を加味して考えると、ワインの本場はやはりフランスということになるでしょう。

04

魚は白で肉は赤？ 白は冷やして赤は室温？

前項では、ワインに色がどうしてつくのかのお話をしました。色といえば、ワインに関して定説とされているものの第一が、「肉料理には赤、魚料理には白」ですね。ごくおおざっぱには、この定説は間違っていません。赤ワインを飲みながら食べておいしい肉料理は多く、白ワインでおいしくなる魚料理もまたたくさんあります。でも、この組み合わせを金科玉条のように守る必要はない、というか、この定説が当てはまらないケースも多々見られます。

簡単なはなし、たとえば仔牛のクリーム煮です。なんせ肉なんだから、と赤ワインと一緒に食べてみると、ピッタリ来ないに違いありません。試しに白に変えてみると、料理が遥かにイキイキと感じられるでしょう。クリームには赤より白ワインが合うのです。魚の赤ワイン煮はその逆の例です。とにかく魚なんだから、と白ワインを飲み合わせても、確実に異和感があります。ならばちょっとと赤ワインにすると、料理がグッと引き立ちます。赤ワインソースに白ワインより赤が合

04 魚は白で肉は赤？白は冷やして赤は室温？

うのは当然です。どうも食材で一刀両断に決めてしまわず、調理を考慮して選ぶ方が、快適な食事になる確率が高いようです。

私は「肉料理には赤ワイン、魚料理には白ワイン」ではなく、「その料理が全体として赤っぽければ赤ワイン、白っぽければ白ワイン」という原則を提唱しています。クリーム煮なら肉でも魚でも、皿の上が白っぽいので白ワイン、赤ワイン煮なら肉でも魚でも皿の上が全体的に赤っぽいので赤ワイン、というわけです。経験上この方が、料理とワインとがよく調和する気がします。肉料理は仕上がりが赤っぽいことが多く、魚料理は白っぽいことが多い、だから短縮形で「肉＝赤、魚＝白」とされている、と解釈しています。茶色っぽいのや黄色っぽいものなどは四捨五入して、茶色は赤に黄色は白に、振り分ければいいでしょう。どうぞこの原則で、実際にやってみて下さい。

そんな原則に基づいて、肉料理に白ワインなんか注文したら、非常識と笑われるんじゃないか、などと心配する必要はありません。大切なのは自分の快適さです。それに、そもそもフランスの白ワインの産地では、魚にでも肉にでもオラが村サの白ワインを飲んでいますし、赤ワインの産地では、魚料理にも平気で地元の赤ワインです。この定説は、あまり気にしなくて構わないのです。そのとおりにしないからといって、非常識でも何でもありません。

では、ロゼワインはどうなのか。「赤が肉で白が魚なら、間のロゼは鶏だろう」とか考えないで下さい。キメ手は食材でなく料理全体の色であり、材料が鶏でもそれは同じで、鶏のクリーム煮なら白、赤ワイン煮なら赤、といった具合です。ローストしただけなら白っぽいので、白ワインの方が快適です。「赤は肉に、白は魚に」に続けて、「ロゼはどちらにも」と聞いたりしますが、「どちらにも」と称するものは、実際にはどちらにも本当の役には立たないと相場が決まっており、それはワインにも当てはまるようです。ロゼは正統的なフランス料理や場面にではなく、むしろカジュアルな料理や機会にふさわしい飲物だと思います。たとえばピザだけの食事や、戸外での昼食といったところです。事実、レストランのワインリストでは、ロゼは載っているとしても終わり近くに僅かに、です。

どちらにも役立つのはシャンパンです。シャンパンにもロゼや、赤さえありますけれど、殆どは白ですね。白でありながら赤っぽい料理にも合うのは、あの泡のおかげでしょう。シャンパンは食前の一杯に向いているのはもちろん、食事を通してずっと、更にデザートにも好適な、言わば例外的なオールマイティです。ロゼとシャンパンについても、私の話が信用できるかどうか、ご自分で確かめられるようお勧めします。

ワインに関して定説とされているものの第二は、「白ワインは冷やして、赤ワインは室温で」ですね。ごくおおざっぱには、この定説も間違いではありません。白ワインは冷えているのがおい

04 魚は白で肉は赤？白は冷やして赤は室温？

しいし、赤ワインはそこまでは冷えていないのがおいしい、のは確かです。でも、白がギンギンにまで冷えていて、冷たさ以外に味がよくわからなかったり、反対に赤がホンの少し冷たくて、おいしいと感じたりした経験はありませんか。この定説にも金科玉条のように従う必要はない、というか、少なくとも赤については、文字どおりに受け取らない方がよいのです。

この説がフランスで定まったのは、かなり前のことです。その頃のフランスの室内は、今よりよほど温度が低く、摂氏18度前後でした。そこよりもっと低温の倉庫から運んで来た赤ワインを、18度前後の室温と同じくらいにして飲むのがよい、というのがこの定説の意味で、ポイントは「室温」ではなく、18度前後という温度なのです。現在の日本の室内は、冬でも25度近く、あるいはそれ以上ありますね。25度でおいしいワインは、一種類もないでしょう。ですから、「赤は室温で」に文字どおりには従わず、18度くらいにまで冷やす方がよいのです。

何が何でも18度、というものではありません。アバウトであり、気分です。かなり昔、銀座の有名レストランでボージョレの赤を注文し、「ちょっと冷やしてね」と頼んだら、ソムリエが温度計を片手に登場し、「ただいま14度でございますが、これを何度に致しましょう？」と荘重に訊ねました。こういうことするから厭がられるんだよなと思いながら、「うーむ、13度にしてくれ」とヤケ気味に答えた憶い出があります。赤ワインが少しヒンヤリしていてくれればよかっただけです。

私は「白は冷やして、赤は室温で」の代わりに、「白はよく冷やして、赤は軽く冷やして」という原則を提唱しています。ところがそれを聞いた途端、「赤も冷やすのね、わかった！」とばかり冷蔵庫に入れ、それを出して来てそのまま飲んだりする人がいます。冷蔵庫の中は4〜6度でしょう。そんなに冷えていたら赤ワインは縮こまって、渋みばかりが際立ってしまいます。あくまで「軽く」です。冷蔵庫から出して暫く置いてからか、冷蔵庫には入れず氷水に漬けてから、結果として軽く冷えた状態で飲むのがコツです。

ロゼとシャンパンはどうなのか。ロゼは色のとおり、白と赤の中間あたりの冷えかたが適しています。どちらかといえば白寄り、つまり冷ためです。シャンパンの泡は冷えた方が力強くなるので、普通の白より温度を低くするのがよいとされています。

冷やすのはいいとして、温めるのはどうなんでしょう。日本酒や中国酒はお燗しますね。お燗をつけるのとは趣きが違いますが、実はワインにも温めて飲むやりかたがあります。寒い山地での、冬の飲みかたです。赤ワインにレモンの皮・砂糖・シナモンなどのスパイスを入れて火にかけ、沸騰させてから漉して、ワイングラスでなくコップに注いで飲みます。呼び名はヴァン・ショー、ヴァンはワインでショーはホット、甘みと香りがついた「熱いブドウ酒」です。甘口の白ワインを使うこともあり、リキュールを加えてアルコール度を強くすることもあります。レモンジュースを混ぜ入れたりもして、こうなるともうカクテルですね。

05 チーズは6タイプ

ワインのお話を2回続けましたから、チーズに戻ります。今ではチーズは専門店はもちろん、デパートの売場にもスーパーにもズラリと並んでいて、何をどう選んでよいのか、途方に暮れるくらいです。「イギリスには365種類もの宗教があり、フランスには365種類ものチーズがある」とチャーチルが言った、いやフランスにチーズは1000種類以上ある、などと語られるほど、チーズの種類はたくさんあります。暮れてばかりではラチが明かないので、ナチュラルチーズを何とか整理してみましょう。整理の基本は分類です。

原料で分類する考え方があります。チーズに使うミルクは、牛、羊、山羊、馬、水牛、ヤク、ラクダ、トナカイと、実にいろいろです。でも私たちが口にするチーズの大部分は、牛か羊か山羊かです。フランスでは生産量の約85%までが牛乳、あとの15%が羊乳と山羊乳です。それだけ多くが牛乳なのですから、原料で分類するとほとんどが牛になってしまい、あまり有効な分けかたとは言えません。そこで普通は材料でなく、材料をどうするかの加工法で主として分類しています。ソフトタイプとか白カビタイプとかいう、あれです。

チーズはミルクを、殺菌して、固まらせて、形を整えて、塩を加えて、水気を切って、熟成させて作るのが原則です。水気を切る時に、ただ切るのではなく、プレスして水分を多めに絞ったり、熱を加えて水分をもっと飛ばしたりするものがあります。タイプに分類する場合にキーとなるのが、この水気とりのプレスと加熱、それに熟成です。この3つをするかしないかによって、チーズは大きく4つのタイプに分かれます。どれもなしのフレッシュタイプ、熟成ありプレスなし加熱なしのソフトタイプ、熟成ありプレスあり加熱なしのセミハードタイプ、すべてありのハードタイプの4つです。

第1のフレッシュタイプは、まあ水分を抜いたヨーグルトと思えばいいでしょう。ヨーグルトに近いグジュグジュッとしたものから、固まってシンナリシットリしたものまで、さまざまです。よく知られている中では、モッツァレラがこれです。もともと水牛の乳で作っていたモッツァレラは、今では牛の乳で作られています。フランスものではプチスイスがあります。小分けした容器が便利で、我が家ではこれに砂糖やハチミツを入れたり、果物にこれを添えたりして、よく子供たちに食べさせていました。私自身はフロマージュブランが好きです。豆腐を崩したくらいの堅さのこのチーズは、砂糖などで甘くして食べても、刻んだあさつきと塩胡椒で食べてもステキです。ブールサンには香草や塩胡椒を初めから加えてあります。フロマージュブランはフレッシュチーズの代名詞みたいな存在であり、同じ意味に使われることさえあります。

リコッタは、モッツァレラを作る際に出来る乳清を煮詰めたものです。ティラミスの材料として有名になったマスカルポーネは、そのリコッタにクリームを練り込んだものです。リヨン名物のセルヴェル・ド・カニュは、フレッシュチーズと生クリームを混ぜ、オリーブオイルや香草や塩胡椒で味つけしたものです。

第2のソフトタイプは、プレスも加熱もしないからソフトで、熟成はさせるから味がナマでなく風味がある、そういったチーズです。熟成とは「微生物などの作用で成分が適度に変化し、独特の風味をもつようになること」です。このタイプのチーズは、2つのグループに分かれます。

片方は白カビグループ、表面に白カビをつけたチーズ達です。その白カビが、風味を持たせる微生物というわけです。知名度ナンバーワンのカマンベールが、このグループの代表です。それを大型にしたようなブリも、白カビで覆われています。ブリはチーズの女王と呼ばれます。クーロミエはその妹分です。クリーミーというかミルクミルクしいというか、ナチュラルチーズに慣れない人には、このグループが一番とっつきやすいのではないでしょうか。

他方はウォッシュグループ、茶色がかったしなやかな表面が特徴のチーズ達です。熟成の時に、チーズの表面には微生物が発生します。このうち善玉の微生物を残して悪玉の微生物を落とすために、表面を塩水やブランデーで洗います。洗うからウォッシュなのです。そうすると表面がネバネバした皮になり、その皮に守られて中身がノビノビと熟成して行きます。ネバネバのおかげでノビノビはいいとしても、かなり強い匂いがします。「臭いからイヤだ」と言われるのは、主にこのグループのチーズです。代表的なのは、ポンレヴェーク、エポワス、リヴァロなどです。臭いのがイヤな人は、匂いのモトの皮を外して、トロリとしかかった中身を味わえばいいでしょう。きっとウットリします。トロリでウットリをぜひお試し下さい。

第3のセミハードタイプは、型に詰めてプレスして水気を多く抜くので、形がしっかりしています。色も堅さもプロセスチーズと同じくらいですから、その意味では最もなじみやすい姿のチーズと言えるかも知れません。味もマイルドです。黄色いワックスで包んだオランダのゴーダや、赤いワックスの同じくオランダのエダムをご覧になったことがあると思います。あれがこのタイプの典型です。イギリスにはチェダー、スイスにはラクレット、フランスにはカンタルなどがあります。

第4のハードタイプは、熱を加えて更に水分を減らすので、カチンカチンです。サイズは大きく、売場にはポーションに切って出されます。ご存知のパルミジャーノ・レッジャーノを思い浮かべるのが、手っ取り早いでしょう。フランスではコンテ、スイスではグリュイエールやエメンタールが代表です。エメンタールは大きな穴が特徴的で、私はこれを手づかみでボソボソ食べるのが大好きです。ハードタイプはそのまま噛る以外に、火に当てて溶かすとか、すりおろして料理にかけるとか、いろいろな食べかたをするチーズです。

以上4つのタイプの外側に、あと2つタイプが

05 チーズは6タイプ

ありますᡃその1つが青カビタイプです。白カビが表面にベッタリついているのに対し、青カビは中身のあちこちに散在しています。青カビはチーズの内部に生えるか植えるかするもので、串を刺してたくさんの穴をあけ、そこからの空気で育てます。白カビと同じく全く無害ですから、安心してお召し上がりください。塩味が少しキツめです。カビが青いので、ブルーチーズの別名があります。フランスのロックフォール、イタリアのゴルゴンゾーラ、イギリスのスティルトンが、世界3大ブルーチーズとされています。ブリをチーズの女王と呼ぶのと対照させて、ロックフォールをチーズの王と呼ぶこともあります。ロックフォールは羊乳で作ります。青カビタイプはプレスなし加熱なしが大多数なので、ソフトタイプに含めてもいいはずですけれど、独立のタイプとして扱う方が一般的です。

もう1つがシェーヴルタイプです。シェーヴルはメス山羊のことですから、加工のタイプでなく材料の種類です。フレッシュも、ソフトの白カビもウォッシュも、青カビもあり、さながら独自の宇宙をなしている感じがするため、便宜的にこれも1つのタイプと見なすのが一般的です。酸味があってポロポロとモロく、真白なのが共通しています。やみつきになって、チーズはシェーヴルしか食べないという人も、少なくありません。

チーズの種類は何百もあると言われます。そうしたチーズの世界を楽しむには、視界不良のまま手当たり次第に食べてみるより、何らかの整理をつけて進んで行く方が効果的でしょう。今回お話しした4プラス2のタイプ分けは、その整理のための見取図の役に立つだろうと思います。

06 10ケ条で足りるテーブルマナー

今回はテーブルマナーのお話をします。ワインとチーズはご家庭以外にも外で、つまりレストランで楽しまれるでしょうから、その時に役立つと思います。

テーブルマナーはヒドク嫌がられていますね。堅苦しくて複雑で、あんなものを気にしなければいけないくらいならレストランなんかで食べたくない、というのが一般の受取りかたのようです。説明が悪いんだよな、実際はホンのいくつかのポイントだけの問題なのに、と考えていたところ、なるほどそう受け取られるのも無理はないと納得させられるサンプルに、ついこのあいだ出くわしました。勤め先の大学が、学科の新入生を対象に、リゾートホテルでフランス料理を食べながらのマナー講習会を開いたのです。宴会場で10人ずつ円テーブルを囲み、黒服を着たホテルマンの説明を受ける形です。

黒服氏の第一声は、「マナーとはエチケットのことです」。マナーは行儀や習慣、エチケットは紳士淑女が守る規則や礼式ですけれど、その辺はまあ。「まず手を洗う。椅子には深く腰かけない。背筋を伸ばして座る。その方が消化によく、見た目にもいいのです」。始まった、堅苦しいなあ。「ナプキンは半分に折り、分かれた側を自分に向けて、口はその内側で拭く。グラスに口をつける時は、必ずナプキンで口を拭くこと」。どうでもいいじゃないの。「食べものは口に入る量に切って、顔をフォークに近づけるのではなく、フォークを口に持って来る。銀器が皿に当たる音を立ててはいけない。口にモノを入れたままで喋らない」。だんだん勘弁してくれという気分になります。「パンは口直しであって主食ではないので、たくさん食べない。主食は肉です」。パンは食べたいだけ食べたいなあ、それに肉は主食じゃないし。「ハンドバッグは不浄のものなので、テーブルの上ではなく床に置く。レディーファーストとは女性上位のことで、女の人は店の者以外に男の客も注視しています」。こりゃ大変だ。「カトラリはなぜ銀器なのか。モトは黄白と言って……」

いやけがさしてか、食べる方が重要なのか、学生たちはもう、ほとんど聴いていません。その中で黒服氏は未成年の彼等に向かって、「食前酒とは。ワインを飲む順番は。ワインを選ぶには。テースティングでジュルジュルとやるのは。デザートにもワインを。食後酒はシガーと一緒に」と続けます。更に「このリヨネーズという調理法は。フォンドヴォーとは。肉は繊維に沿って切るのが。草を食べて育つ牛は穀物を食べる牛に比べて肉の香りが。肉はやはり噛みごたえのある方が。デザートはアントルメとも言って、もともとはメとメの間……」。誰も聴いていない状態になってもなお果敢に、サービススタッフの種類やらキッチンの編成やら、果てはホテルの各部門まで紹介しました。

これ式の講習では、テーブルマナーが好かれなくても仕方ありません。そこで今回、ワインとチーズはひと休みして、堅苦しくも複雑でもない、どこでも通用してそれだけで十分な、サワラ式テーブルマナーのお話をしようと考えたわけです。原則と、前提と、ポイントがあります。

テーブルマナーの原則は、他人に不快感を与えないことです。逆に言うと、あれこれムツカシイことはさておき、この原則さえ守れば、即ち他の人に不快感さえ与えなければ、すべて自分の好きなように、ノビノビとやっていいのです。

他人に不快感を与えないために前提となるのは常識です。誰もが不快になるような振舞はしない。常識の範囲内です。ナイフやフォークを持つ手を振り回してはいけないなどと、マナー講座でもっともらしく教えられなくても、私たちはお箸を振り回してはいけないと、親にしつけられています。口一杯にモノを入れたまま喋らないとか、ゲップはしないとか、ガハハと大笑いしないとか、頭をガリガリかかないとか、どの国にも共通するマナーです。そうした常識が、テーブルマナーの前提です。

その上で、習慣の違いから来るいくつかの点を、知識として学べば完成です。外国流の食事ですから、私たちの手持ちの常識の範囲外の部分も

あります。それを以下の10点にまとめました。10点なら、それほど大変ではないでしょう。

1．始めるのは主人役の女性と一緒に

テーブルに何人もいて、次々に料理が配られる場合、いつ食べ始めるのがいいか。その場の主人役の女性が食べ始めたら、です。主人役の女性がいなければ、男性でも女性でもそれ的な人です。主人役がどうぞと勧めたら、でも結構です。

2．パンはちぎって

パンはナイフで切りません。噛るのではなく、一口分の大きさにちぎって食べます。ついでですが、手づかみでいけない食べものはありません。ナイフフォークでは食べにくいのなら、何を指でつまんでも不作法とはされません。

3．フィンガーボウルは片手ずつ

指で食べた時に、小さな銀の深皿に入れたぬるま湯が出される、あれがフィンガーボウルですね。指先を洗ってナプキンで拭くわけです。その際、両手を同時に入れずに、片手ずつ洗うのが習慣です。

4．ナイフフォークは外側から

目の前にナイフとフォークが何組も並んでいて、運ばれた料理にどれを使うのか、迷った経験をお持ちですか。何も考えずに、外側から順番に取り上げればいいのです。違うナイフやフォークを使ったらどうなるか。店側がソッと、次の料理用のを補充してくれるはずです。

5．終えたらナイフフォークを皿上斜めに

お皿にナイフフォークを揃えて斜めに載せるのが、終えた合図です。ハの字に置くのは進行中の印と覚えて下さい。お皿を時計に見立てて、フランス式は3時15分の角度に、イギリス式は4時20分に置く、なんて説明するマナー講座は、聞き流しておきましょう。気分的に「斜め」でいいのです。

6．スープは啜らない

これはスパゲティのツルツルと共に、余りにも有名ですね。私たちは味噌汁もソバも、これをやらないとおいしくないのですが、欧米の人たちはどうも、あの音がイヤなようです。

7. すくうのは手前から

スープは手前から向こう側にすくいます。向こう側から手前にすくうのは掻き込む形になり、ガツガツっぽくて美しくありません。美しくない姿を見せると相手が不快になる、という寸法です。スープが少なくなったら、お皿を向こう側に傾けるのも同じ理由です。

8. 魚は引っくり返さない

切身でなく、骨つきの魚です。表面側半身が終わると、私たちはヨイショと裏返して、反対側の半身を食べます。あれはやらないのです。魚自体はそのままにして骨を外し、下側の半身を食べます。ナイフとフォークで外しにくければ、両手でエイヤと外します。

9. 注がれてもグラスを持ち上げない

これは前にお話しました。

10. ナプキンはキチンと畳まない

食事が終わって席を立つ時は、余りキッチリと畳まないことになっています。キチンと畳むのは「ヒドイ目にあった。二度と来ないぞ」のシグナルだと、解説する人もいます。それはともあれ、何もわざわざグシャグシャに丸める必要はありませんけど、畳むにしてもフワッとテーブルに置くのがよしとされています。

普通の日本人の大人の常識を備えた上で、以上の10ポイントを押さえておけば、テーブルマナーとして十分です。大ホテルでの正餐も、宮中晩餐会だって怖くありません。ノビノビと食事をお楽しみ下さい。

07 食卓での「こんな時どうする？」

前項のようなテーブルマナーのお話をしたら、「基本のところはわかったけど、もう少し他に知りたいことがあるんですが」と言った人がいました。「たとえばね」とその人が挙げた点を手始めに、マナー的なお話を続けます。

「料理を食べ残してはいけないか。残すのはシェフに失礼だと聞いた」

どうぞ遠慮なく残して下さい。おなかがいっぱいになっているのに、あるいは食べたくないものなのに、ムリに食べる必要は全くありません。こちらは自分が楽しんで満足するために食べるのであって、そのためにお金を払うのであって、シェフを満足させるために食べるのではありません。自分が快適に感じる分だけ食べればいいのです。料理が残っていても、ナイフとフォークを揃えてお皿の上に斜めに置けば、ウェイターはそのまま下げてくれます。（私自身は、快適と感じる分を過ぎても、どうももったいない気がして、ムリに食べ切ってしまい勝ちですけど）

「ソースはどうか。残ったソースはパンで拭き取って食べるのがよいと聞いた」

これも、ムリにそうする必要はありません。確かにシェフはソースに力を注ぎ、また食材自体よりソースの方にコストをかけたりもしますが、残して一向に差支えありません。そんなことは気にせず、楽しくやるのが一番です。それに、ソースをパンで拭い取って食べるのは、ビストロ（ワインを出す軽便食堂）でよく見かける光景です。お行儀がよいとは言えない姿ですから、キチンとしたレストランではあまり見られません。

「ワインのグラスはどこを持てばよいか。ふくらんだ本体？ 細長い脚？ 平たい底？」

どこでなければいけないということはありません。自分が持ちやすい所を持つので結構です。ただ、丸みのあるふくらんだ部分を手に持つのは、体温が直にワインに伝わるとして、一般に嫌われています。その点、延びた脚の部分を持てば、手の温かみは伝わりません。まあ、そのために脚が長くなっているわけです。よくグラスを掌で包むようにしてチビチビ飲むシーンがありますね。あれはワインではなく、温めて香りが立つのを楽しむブランデーなどの話です。ブランデーグラスは香りが逃げないように口をすぼめて、また持つためではない脚は短く、作ってあります。脚が長いものはそこを持つ、と考えればいいでしょう。底の部分は持ちにくいし、あえて持つのは見るからに不安定な感じです。

「注文する時、一緒に食べる人と皿数が違うのはマズイか」

男性は前菜と魚料理と肉料理の三皿を食べたい、でも女性は前菜と肉料理の二皿だけにしたい、みたいなケースですね。これも構いません。店の側がやりにくいんじゃないかなどと気を遣わずに、食べたいものを食べたいだけ食べる、の精神で行きましょう。前菜は二人に同時に出て、魚料理を男性が食べている間は女性の前に場所ふさぎのお皿が置かれ、肉料理はまた二人に同時に運ばれて来るはずです。

「口の中で何かがガリッと来たような時、どうしたらよいか」

ありますね、そういうのが。どうするかは和食でも中華でも同じで、ガマンして呑み込んだりせず、さりげなくナプキンに吐き出すのがいいと思います。そのまま膝に載せているのが気持ち悪ければ、ナプキンを換えてもらいます。大切なのは自分の快適さです。それほどではない、つまり魚の小骨くらいの場合、私は指で口から取って、畳んだナプキンの間に収めておきます。お皿の縁に置くと、他の人の眼につきますから。

「テーブルの上にこぼすとか、テーブルの下に落とすとかしたら、どうするか」

ナイフでゴシゴシと肉を切っていて、勢あまっ

て皿の上からスッ飛ばした程度なら、手でつまんで皿の上に戻せば済みます。しかしワイングラスを引っかけて倒したとなると、そうも行きませんん。あわてて自分でナプキンやハンカチで拭いたりせず、ウェイターを呼んで処理を任せます。レストランの危機管理では、落ち着いて店の手を借りるのが賢明です。

何か落とした時も、自分で潜って探しまわらない方がいいでしょう。落とすのはたいていナイフかフォークですから、「あら落ちちゃった」てな感じで、ウェイターに合図して代わりを持って来てもらうことです。落としたナイフやフォークは、あとで彼らが拾います。

私にはあわてて反応した苦い思い出があります。パリのレストランで、日本から来た着飾ったご婦人と食べた日のことです。彼女が何かのはずみにワイングラスを倒しかけました。機敏な？私は、グラスが倒れてしまわないよう、とっさにグラスの脚の下の円形部分をテーブルに押さえつけました。するとナントナント、中の赤ワインが派手に飛んで、彼女の素晴らしい服にベッチャとかかってしまいました。こちらの善意は明白なので、彼女は怒るに怒れず、かと言ってフンマンやる方なく、その後しばらく堅い雰囲気が続いたのです。過敏に行動しないで、流れたワインの始末を頼んだ方がよかったかと、大いに後悔しました。

「途中で気分が悪くなったらどうするか」

レストランで食べる際の最大の危機管理ですが、食べる側としては、和食や中華の店でと変わりありません。まわりに迷惑がかからないように、ソッとトイレに立つとか、常識に沿って振るまうだけです。むしろ、手を借りられる側の、店としての対応が問われるところです。ある店では、一緒に食べている人が倒れた時に、静かに支えて陰へ連れて行き、介抱しながら、店のことはどうか気にしないでと、繰り返し言ってくれました。別の店では、近くのテーブルのお客が倒れた時に、シェフもマダムも総出で大騒ぎし、他の客には何の挨拶もなく、長時間サービスがストップしました。

今でも覚えている話があります。私の友人に医者の奥さんがいて、彼女がご主人と一緒にリゾート地のレストランに行きました。食事の前にシャンパンがサービスされ、彼女は本来は飲めないのに、丸一日のドライブの後で喉も渇いていて、思わず半分ほど飲んでしまいました。疲れもあってか、たちまち気分が悪くなり、顔面蒼白、寒けガタガタとなりました。心配した店のマダムが急いで医者を呼ぼうとするのを、彼女のご主人がとめました。「なあに、ほっとけばじきに治ります」。正義の味方、女の連帯、マダムはいくぶんカチンと来たらしく、「ご主人はそうおっしゃいますけど、それじゃいけません。奥さまがかわいそうです」。ご主人はなおも、「いやいや大丈夫です、これくらいは」。マダム「ダメです！　こういうのはお医者さまに見せなくちゃ！」。ご主人「私は医者で、この人を二〇年来専属で診てる主治医なんです！」。いいマダムですね。その店に私も行ってみたいと考えています。

08 ワインをどう買うか

ワインに関して、よく出される質問が3つあります。「どこで買えばいいですか」「いくらぐらいのを買えばいいですか」「どんな種類のを買えばいいですか」、この3つです。今回はこれらについてお話しましょう。

まず、「どこで買うか」です。

ワインを売っているのは、専門店、酒屋、食料品店、ディスカウントショップ、デパート、スーパー、コンビニといったところです。スーパーやコンビニにはお手頃値段のものが多く、デパートや専門店では高めのものが豊富です。家庭用にワンコインか、まあツーコイン以内のを買うには、スーパーやコンビニが便利ですね。日常のおかずと同じです。「どこで買うか」を問題にするのは、それより少し値段の張るワインの場合でしょう。

私はワインを買うのも、他のものを買うのと変わりはないと思っています。私の店選びの基準は単純で、①商品が大切に扱われていること、②店員が商品をよく知っていること、③何となく雰囲気が気に入ること、です。皆さんも、たとえば洋服を買う時に、そのようにしているんじゃありませんか。棚やウィンドーでの並べ方にいかにも愛情が感じられない店、何か聞いても適切に答えられない店、どうしてもいまひとつ自分と波長が合

08 ワインをどう買うか

わない店では、あまり買う気にならないでしょう。せっかく楽しむためにワインを買うのですから、そういう店は避けたいものです。

ディスカウントショップというか、ワインの安売店には思い出があります。義母は私がワイン好きだと考えて、誕生日に毎年、ワインを贈ってくれました。飲めない彼女でも名前は知っている、有名なシャブリです。初めの年、有難く飲んでみると、どうもおかしな味がします。ラベルもちゃんとシャブリなのにと思いながら、飲み進まずに捨てました。2回目も同じパターンで、偶然にしてはヘンだなと感じました。3回目に全く同じだったため、見かねた家内がその旨を義母に伝え、いつも近くのディスカウントショップで買っていたと判明しました。私はすべてのディスカウントショップがそうだと言っているのではありません。店によって、そうしたリスクがあるということです。

これはワインに限りません。先月、ちょっと高級な食料品を安く売る店で、ウィスキーの「バランタイン17年」がエラク安く置いてあるのを見かけました。デパートの半額なので、これはこれはメッケもんだと、勇んで買って帰りました。ところが飲んでみたら、微妙に違う味がします。水割りでは気がつかない程度の違いです。そこでデパートで満額?のボトルを買ってきて、念のためウィスキー好きの息子を呼び、二人で飲み比べました。明らかに味が違います。初めは「そうかあ?」と言っていた息子も、2杯3杯と飲んだ後、「うん、これは絶対に違う!」と叫びました。以前、別の店のブランデー「ヘネシーXO」で似たような経験をして、懲りてはいたはずなのに、「半額」に目がくらみ、思わずフラフラと買ってしまった失敗です。この種のことが多いのか、デパートで買ったボトルの背中には、「正規輸入品」というラベルが貼ってありました。

デパートの値段は、全体的にやや高い感じです。しかし、変質したワインや、まがいもののウィスキーなど、中身の欠陥はないようです。私はデパートのまわし者ではありませんが、よく知っている酒屋、信用できる食料品店がない人には、「デパートで買うのは安心ですよ」とお伝えしています。

次に、「いくらぐらいのを買うか」です。

これは買う人のフトコロ具合との相談ですから、一概に言えないのはご承知のとおりです。私はなるべく多くの人がワインに親しんでほしいと考えるので、「それはもう、いくらのでも」と答えたいところです。でも、それでは愛想がなさ過ぎですね。概して言えば、高いものはおいしい、です。高いのは、買いたい人が多いからです。高くても買いたいのは、おいしいからです。もちろん、その時期の流行とか、流通の具合とかもありますけど、四捨五入すればおいしいから高い、即ち高いのはおいしい。問題は、おいしい程度がどれだけ上がると、値段がどれだけ高くなるかの比例関係です。

08 ワインをどう買うか

この比例関係が、一直線ではないのです。グラフをイメージしてください。縦軸においしさ、横軸に値段をとったグラフです。左下から右上へ、一直線に変化が示されれば、おいしさアップに見合う分だけ値段がアップし続けるわけです。ところが、ワインに限りませんが、このテのグラフでは上昇は直線ではなく、ゆるいS字曲線になるのが普通です。なだらかな上昇、急な上昇、なだらかな上昇の、3部分からなるS字です。下のなだらか部分では、値段が上がる割にはおいしさは上がりません。次の急な部分では、値段のわりにおいしさがグンと上がります。そしてその上のなだらか部分では、再び値段が上がるほどにはおいしさは上がらない。それでも一貫して、値段と共においしさも上がっていくのです。

つまり、値段には2つの節目があり、それがS字を3つの部分に分けているようです。現在の小売価格では、その節目がどうも1500円と5000円くらいのところにあると、私には見受けられます。1500円までを大衆ワイン、そこから5000円までを中級ワイン、それ以上を高級ワイン、と呼んでいいかもしれません。大衆ワインでは、値段はバラついていても、おいしさにそれほど差はない。高級ワインでは、値段に限りがないものの、おいしさは少しずつしか増えていない。中級ワインでは、値段が上がるごとに、おいしさがグングンと増す。その節目が1500円と5000円あたりにある。これが私の仮説です。どうかご自分で試してみてください。

金持ちは、とにかくおいしい方がいいからと、ホンの少しのおいしさアップのために、高級ワインにいくらでも払うかもしれません。金持ちではない私は、ホンの少しの値段アップと引き換えに、できるだけ大きいおいしさを手に入れようと、中級ワイン、それもそのうちの下限近い1500円から2000円台前半のワインを選んでいます。言い換えれば、その辺が私のオススメ値段ゾーンです。

最後は、「どんな種類を買うか」です。

ここでは「種類」とは何を指すかが問題です。シャトー・マルゴーとかロマネ・コンチとかの「名前」でしょうか。フランス産やチリ産、ボルドーものやブルゴーニュものといった「産地」でしょうか。何というブドウから作ったかの「品種」でしょうか。私のアドバイスは2つあります。

近頃はまことに親切に、ボトルの裏側や売場の棚に、そのワインを説明する札が貼ってあったり、立ててあったりします。これを見れば、そのワインのおよその感じをつかめるようになっています。近所のコンビニでは、どちらも798円の赤と白の棚に、次のようなカードが出ていました。「ボルドー産メルロー、カベルネ・ソーヴィニョン種を使用。樽の香りと果実味のバランスがよく、しっかりとした味の赤ワイン」、「ボルドー産ソーヴィニョン・ブラン、セミヨン種を使用。柑橘系のフルーティーな香りとスッキリとした酸味の白ワイン」。両方とも、1行目はブドウの品種、2行目はワインとしての特徴です。

1つ目のアドバイスは、それらの文は差し当たりチラッと眺めるだけにして、その下にある「軽快-豊潤」「辛口-甘口」の尺度（1から5までの数字で表示されたりしている）に注目することです。サッパリした料理に豊潤なワインでは浮いてしまうし、濃厚な料理を軽快なワインでは支え切れません。塩味の料理に甘み十分のワインでは、食事が壊滅します。初めの段階では軽重と甘辛の度合を手がかりに、ワインを選ぶのが適当です。そうしているうちに、こういう料理ならこのくらいの尺度のワインと、自分の感覚ができてくるでしょう。

2つ目のアドバイスは、その次の段階です。説明の中か、ワインの名前に含まれている、ブドウの品種に注目することです。これについては、別項で改めてお話します。

09 まずは9つ、ブドウの品種

ワインに関してよく出される質問、「どんな種類のを買えばいいんですか」に対して、前項では1つ目のアドバイスをお話しました。ボトルの裏側などに貼ってある「軽快 - 豊潤」や「辛口 - 甘口」といった尺度を手がかりにワインを選ぶ、というものでした。今回はそれに続いて、2つ目のアドバイスについてお話します。ブドウの品種を軸にして買ってみる、というものです。

ワインの味はいくつかの要素で決まります。土壌や天候や造り手によって、味にいろいろなバリエーションが生まれるわけですが、ワインを大まかに性格づけるのは、原料であるブドウです。ブドウは品種別にそれぞれ特徴があり、その特徴がワインの味に反映されるからです。つまり、ブドウの品種に注目すれば、そのワインのタイプの大体のアタリがつくのです。

もともとワインの名前には、それが出来た場所の名前を用いるケースがほとんどでした。ラベルに大きく「ブルゴーニュ」と書いてあるワインがありますね。出来た地方の名前です。「シャブリ」は地区の名前ですし、「ロマネ・コンチ」なら畑の名前です。「出来た場所がわかれば、そのワインの味の想像がつく」、産地による命名法は、そうした考えに基づいていると思っていいでしょう。これに対して最近増えたのが、ブドウの品種を前面に出して、産地や造り手を小さく添えるやり方です。「出来た場所を言われても、味の想像はつきにくい。それより味を大きく規定するブドウの品種を知らされた方が、見当がつけやすいじゃないか」、品種による命名法は、こうした考えに基づいていると言えます。私の2つ目のアドバイスは、初めはこちらの考え方に沿って、産地や造り手はしばらくおき、ブドウ品種を中心に試してみたら、というものです。

ワイン用ブドウの品種は300近くある、いや3000以上だ、とか言われます。300と3000とでは10倍も違いますけど、要するにたくさんということです。私たちが目にするワインに使われるものだけでも、各国のブドウを数え上げると、ゆうに数十は超えます。数十では手に負えませんから、メジャーなものに絞りましょう。メジャーな品種として定説になっているのは9つです。白ブドウではシャルドネ、シュナン・ブラン、リースリング、ソーヴィニヨン・ブラン、セミヨン、黒ブドウではカベルネ・ソーヴィニヨン、メルロ、ピノ・ノワール、シラー、合わせて9種類です。9種類なら、買う機会ごとに1つずつ試してみて、「ああ、この品種のブドウから造ったワインには、こういう風味があるんだ」と、ラフに感じ分けることができるのではないでしょうか。

これからその9種類のそれぞれについて、ホンの概略をご案内します。それを覚えるのをお勧めしているのではありません。それらの品種名を意識してワインを買い、飲んでみるのをお勧めしているのです。そのうち自分の好みや料理との相性が何となく浮かび上がって来る、と思うからです。

白ブドウのシャルドネは、おそらく世界で最も有名な品種です。ブルゴーニュ地方のワイン、またシャンパンの主力品種でもあります。イタリアやスペインの他、今では南フランス一帯でも、そ

09 まずは9つ、ブドウの品種

してアメリカやニュージーランドやチリでも、おいしいワインが造られています。香りは高いとは言えません。色は明るい黄色から深い黄色まで、酸味もしっかりして、全体にスッキリした、バランスのよい落ち着きがあります。オーク材との相性はよく知られています。「オークの樽はシャルドネのために、シャルドネはオーク樽のために生まれて来た」と形容されるほどです。私もそういう相手にめぐり合いたいものです。

アメリカには、この品種1つ覚えておけばどこに行っても困らない、という話があります。レストランで「ワインは何にします?」と訊かれたら、ただ一言「シャルドネ!」。これでウェイターは「かしこまりました」と引き下がる。ビジネスの相手に「あなたの好きなワインは?」と持ちかけられても、ただ一言「シャルドネ!」。先方は「そうですか、私もなんですよ」と、ニッコリあいづちを打つ。ウェイターもビジネスの相手も、実は自分もシャルドネしか知らないのでそれ

で満足。スムーズにコトが運ぶ。この時ウッカリ他の品種、まして産地などを告げてはならない……それくらいありがたーい品種です。

シュナン・ブランは、ロワール河の中流を代表する品種です。ヨーロッパでは他にあまり見かけませんが、アメリカやオーストラリアにはあります。色は濃いめの黄色が多く、ハッキリした酸味があり、甘口か辛口まで幅広いワインが造られます。

リースリングは、アルザス地方からドイツ、さらに中央ヨーロッパにかけての品種です。南北アメリカや南アフリカや大洋州でも、盛んに栽培されています。ドイツでは大部分が甘口に、アルザスでは品のいい香りと酸味の辛口に造られます。普通のワインは薄い黄色、熟成が進むと濃い黄色になります。

ソーヴィニヨン・ブランは、ロワール河の上流を代表する品種です。アメリカではフュメ・ブランと呼ばれ、ニュージーランドでは白ワインの中心的なブドウです。ボルドー地方では次のセミヨンとブレンドして、地区によって辛口や甘口のワインに仕立てられます。そうです、ワインは1種類のブドウだけで造るものもあるし、複数の品種を混ぜて造るものもあるんです。ボルドーでは赤も白も、このブレンド方式が一般的です。ロワールの白ワインは色がかなり薄く、ボルドーは黄色がかっています。

ソーヴィニヨン・ブランは「青リンゴのような」と表現される、キレのよい酸味で知られています。このテの「何々のような」というたとえが、ワインの味や香りを描写する際によく使われます。「バニラのような」「ハチミツのような」「白い花のような」、といった具合です。ご自分でもやってみて下さい。

ここでまた脱線です。以前、ワイン通を自認する先輩が会食のテーブルで、「うーん、このワインはアカシアの香りがする」と、グラス片手におごそかにおっしゃいました。アカシアがどういう

09 まずは9つ、ブドウの品種

香りかさえ定かでない一同は、「すごいなあ」と感心しました。しばらくたって先輩は、別のワインを口に含んだあと、「うーん、このアカシアの香りが素晴らしい！」。アカシアの香りは知らなくても、2つのワインの香りは全く違うと感じていた一同は、あきれた表情を見せないため、礼儀正しく下を向きました。

セミヨンはボルドー地方の主要品種で、オーストラリアでも広く使われています。甘口ワインが多く、ソーヴィニヨン・ブランと合わせて辛口にすることもあります。トロッとしていながら、それでいてさわやかな感じがあります。

黒ブドウのカベルネ・ソーヴィニヨンは、ボルドーの看板品種ですが、世界の至る所で栽培されている、赤ワインのチャンピオンみたいなブドウです。アメリカで赤なら何にするかと訊かれたら、今度は「カベルネ・ソーヴィニヨン！」と叫べば、さしあたりの用が足りるでしょう（実際はソーヴィニヨン抜きの「カベルネ！」で済みます）。ワインの色は濃く、腰は強く、香りも豊かです。

メルロはカベルネ・ソーヴィニヨンと共にボルドーの赤の双璧と呼ばれ、同じように世界中で栽培されている国際品種です。カベルネ・ソーヴィニヨンよりソフトで丸みがあり、タプッとした印象を与えます。

ピノ・ノワールは何と言っても赤のブルゴーニュの品種であり、シャンパーニュ地方、ドイツ、スイス、カリフォルニア、ニュージーランドにも広まっています。色はやや薄めで、気品のある緻密な味がします。

シラーはローヌ河流域の赤ワイン品種で、オーストラリアではシラーズの名で親しまれています。紫がかった濃い色、高めのアルコール度、骨太な温かみが特徴的です。

以上9種類のメジャー品種をひととおり試して、そのあと他の品種へと、次第にレパートリーを広げて行ってはいかがでしょうか。

10 国々のチーズ

チーズがいつどこで造られ始めたか、正確なところはわかっていません。しかし、動物の乳で造るものですから、人間が利用する乳を出す動物を飼う、つまり牧畜が行われる場所で造られ始めたはずです。そうした動物が最も早く家畜化されたのは、メソポタミア一帯とされています。世界史で習った、あのチグリス・ユーフラテス河の流域です。したがって初めにチーズが造られたのは、この周辺と考えられます。今の国名でいえばイラクです。以来5000年以上、チーズは今では世界のあちこちで造られています。今回はそのあちこちの国の基本的な種類を、ひととおり見てみることにしましょう。

アメリカ

発祥の地はイラクですが、現在世界最大の生産国はアメリカです。アメリカだけで全体の四分の一を生産しています。広い国のどこでも造っているわけではなく、カリフォルニアとウィスコンシンの両州が中心です。ほとんどは牛乳からであり、アメリカンモッツァレラとかアメリカンチェダーなどのほか、独自の名前としてはサンドイッチによく使うカリフォルニアのモントレージャック、オレンジ色でチェダー的な味のウィスコンシンのコルビーが挙げられます。

オーストラリア

ヨーロッパの人々が移民して、それぞれの国のタイプのチーズ造りをしており、「何でもあります」といった感じです。タスマニア島に向かい合う東南端のヴィクトリア州が中心です。日本が輸入するチーズの四割がオーストラリア産で、プロセスチーズの原料になっています。

ギリシャ

生産量で世界1はアメリカですが、1人当たり消費量で世界1はギリシャです。年間30キロですから、毎日80グラム以上を食べる勘定になります。赤ちゃんまで含めての平均値なので、大変なものですね。ちなみに1人当たり消費量では、フランス、スイス、ドイツ、イタリアが第2位集団を形成しています。土地柄、多くのチーズが羊か山羊の乳で造られます。代表は何といってもフェタでしょう。フレッシュタイプのグジュグジュッとした新鮮なチーズです。

デンマーク

今や押しも押されもしない酪農国ですけれども、そのむかし海賊バイキングが南から製法を持ち帰ったのが始まりと言われています。有名なのはご存知のダナブルーです。牛乳の青カビタイプで、ロックフォールを模したものです。確かに同じように塩味の強い、同じように青カビ的刺激のチーズで、世界中に出回っています。

まったく余談ながら、バイキング料理ないしバイキング方式というのは、日本製のカタカナ言葉です。外国では一般にビュフェと申します。1957年に、帝国ホテルであの北欧的スタイルを導入した時、「原語式はもちろん、英語式にスモーガスボードと呼んでも人気にならないだろう。北欧なんだからエーイ海賊バイキングだあ」と命名したのが始まりだそうです。帝国ホテルがやると全国のホテルが真似する、ホテルがやると街場の店が真似する、そのパターンに乗って、全国区の用語になりました。

オランダ

オランダといえばゴーダ、ゴーダといえばオランダ、くらいに有名です。何せオランダ産チーズの半分以上がこれなのです。大西洋側のロッテルダムに近いハウダ村発祥の牛乳のセミハードタイプで、ゴーダはその英語読みです。黄色いワックスで包まれているためすぐにわかります。チビの頃、父の友人がお土産にくれたゴーダを生まれて初めて食べ、匂いと味にビックリしたのを覚えています。

オランダの2枚看板のもう1枚は、同じく牛乳のセミハードタイプのエダムです。こちらは赤いワックスで包まれています。エダムは首都アムステルダム北方の地名です。ちょっとした酸っぱみのある、クラッカーに載せてつまみにするのが好

適なチーズです。

ドイツ

ドイツはナント世界第2のチーズ生産国です。1位のアメリカの半分以下ではあるものの、フランスやイタリアより多いのです。そして、ドイツ人はよくチーズを食べます。コンチネンタルブレークファースト（大陸式朝食）は、シリアルやベーコンや卵など賑やかなイングリッシュブレークファースト（英国式朝食）に対して、コーヒーや紅茶の飲み物とパンだけといった簡素なものが普通なのに、ドイツではコンチネンタルと称しながら、各種のハムやソーセージ、それにチーズがドッサリついています。フランス人的には、「朝からチーズかよ」といった感じです。夕食にもハム、ソーセージ、チーズが登場します。

その割には、外国にまで知られるチーズは余りありません。知名度が高いのはクヴァルクくらいでしょう。牛の脱脂乳から造るフレッシュタイプで、そのまま食べたり果物と混ぜたり、国内チーズ消費量の半分はクヴァルクが占めています。

イギリス

オランダの2枚看板がゴーダとエダムなら、イギリスの2枚看板はチェダーとスティルトンです。チェダーは牛乳のセミハードタイプ、もろくてクリーミーなチーズです。脚を投げ出して座ったような形をしたブリテン島の、そのふくらはぎ部分に当たる南西部が産地で、チェダーは渓谷の名前です。スティルトンは「イギリスにうまいものは何もない。でもあれだけは」と言う人も多い、牛乳の青カビタイプタイプです。ブリテン島のおなかぐらいにある町がスティルトンです。青カビが入らないホワイトスティルトンというのもあります。

スペイン

スペインは長い間、羊毛の大生産国でした。合成繊維が発達してきたため、羊たちは羊毛から羊乳へと転職?しました。その羊乳と、山羊乳と牛乳とから、チーズが盛んに造られています。スペイン語でチーズのことをケソと言い、チーズ名にはケソ何々というのが多く見られます。ケソテティーリャのテティーリャはテタ（乳房）から来た言葉で、言わば「おっぱいチーズ」、その名どおりの形をしたマイルドな牛乳のセミハードタイプです。

スイス

スイスはアルプスの国ですね。アルプとは高原の牧草地のことです。夏に牛を高地に移して放牧し、そこで造るチーズたちを、特にアルプチーズと呼びます。スイスのチーズと聞いてすぐ思い浮かぶのはエメンタールでしょう。大きな穴「チーズの目」がたくさんある、牛乳のハードタイプです。エメンタールは首都ベルン東方の渓谷の名前です。

これと似ていて穴のないのが、あっても小さくて少ないのが、グリュイエールです。両者共にそのままでもおいしいし、加熱してもまた格別ですので、カナッペにもサラダにも料理にも、広く使われます。グリュイエールはレマン湖畔ローザンヌの東方の村ですけど、この辺りからフランスにかけての地域の大型ハードタイプ全般を指す名称です。加熱と言えばもう一つ、ラクレットがあります。火にあぶって「ラクレ＝削り取る」食べかたからついた名前の、牛乳のセミハードタイプです。

チーズの本場と目されるフランスとイタリアについては、次の項で改めてお話しします。

11 フランスとイタリアのチーズ

「本場」とは、何を指すのでしょうか。「もともとの場所」なら、前にお話したように、チーズの本場はイラクです。「主な産地」なら、生産量が最も多いアメリカが本場です。「盛んに使われるところ」なら、1人当たり消費量が1番のギリシャが本場ということになります。でも、多くの人はこれらの国がチーズの本場とは考えていないようです。大抵の人がチーズの本場として思い浮かべるのは、まずフランスでしょう。初めに造ったか、造る量が多いか、食べる量がどうかよりも、種類が豊富か、そして何よりも、1つ1つがおいしいか、それが「本場」イメージを決めているに違いありません。フランスには多彩なチーズがあり、ミルクの質がよくて加工の技術が発達しているために味がいい、との定評があります。今回はその代表選手たちを見て、その後イタリアに移ります。

初めは少数派である羊乳のロックフォールです。少数派の代表ながら、フランス全体の代表でもあります。ミニ政党の党首が首相になっている感じです。南部のロックフォール村の出身です。フランス国内でも決してお安くありませんが、日本での値段は驚きです。昔はフランス人に、「日本で電卓は同じ目方の牛肉より安い」と説明していました。今なら「日本でケータイは同じサイズのロックフォールより安い」と説明しなければいけないほどです。久しぶりに来日した友人が、直径20センチくらいのロックフォールを1個丸ごとお土産にくれた時には、まるで金塊でも貰ったような気分でした。この、言わばシャープな味が強過ぎると感じる人には、同じ青カビでもずっとマイルドな、牛乳のフールム・ダンベールをお薦めします。お値段もずっとマイルドです。フールムはチーズの意味の古い地元言葉です。青カビ以外の羊乳チーズを試したい人には、スペイン国境近くのセミハードタイプ、オッソー・イラティはどうでしょう。オッソーは谷の名前、イラティは森の名前、のびやかな味が魅力です。

山羊乳にはいつかお話したとおり、フレッシュをはじめ各種のタイプがあり、牛乳ワールドに対してもう1つのワールドを形成している観があります。基本的には南フランスですけれども、中部のロワール河周辺に多く見られます。何でも、スペイン側から侵入したアラブ軍を、732年にロワール下流域で食い止めた際、彼等が残した山羊と製法とでチーズ造りを始めたからだそうです。代表的なセル・スュル・シェールは、表面に木炭の粉をまぶした円盤形で、山羊乳チーズ特有の酸味が上品な、シットリした真白な中身が特徴です。シャヴィニョルは以前クロタンという名が前半についていたのを、「クロタン＝（馬）糞」ではチョットなあと、後半の地名だけに変更したものです。熟成するとコチコチに堅くなります。焼いてサラダに載せてもおいしく食べられます。

多数派の牛乳は、第5話でお話したタイプ別に、堅い方からにしましょう。ハードタイプの代表はコンテです。生産量が多いため広く出回っていますので、「ハードタイプはコンテから」が適当です。東部ジュラ山地の、濃厚な味のチーズです。グリュイエールはスイスと本家争いをするチーズで、スイスの項（第10話）で触れたとおり、国境をはさむこの辺りの牛乳大型ハードタイプの総称ですから、フランス側の代表にもなります。

グリュイエールの本家争いは国境をはさんでですが、セミハードタイプの北フランスのミモレットは、間のベルギーを跳び越えてオランダと本家争いをしています。小泉さんが首相時代、前首相の森さんを招いた時に出して有名になった、あのオレンジ色のチーズです。ミ・モレットは「半分・柔らかい」というフランス語で、オランダではコミッシー・カースと呼ばれます。これも熟成するとコチコチになります。鮮やかな色は昔は人参でつけたとか。現在では色素で染めています。

セミハードタイプでは、中部のカンタルが欠かせません。大きなズンドー型をした、フランス最古と言われる、ホロリと崩れるようなチーズです。

ソフトタイプの白カビグループでは、やはり北西部のカマンベールと北中部のブリが代表です。「あのカビは本当に害がないんですか」と訊く人がいます。カビと思うから、いやカビと言うから

いけないんですね。敗戦でなく終戦、腐敗でなく発酵、バカ貝でなくムール貝、カビでなく何かないでしょうか。さきほどのミモレットの表面で役立つダニにもビューティフルな別名を……。カマンベールは誰にも嫌われないのが最大の強み、ブリは何と言っても品のよさだと思います。ウォッシュグループの代表は、前に名前を出した北西部のポンレヴェークと中東部のエポワスとします。ポンレヴェークは比較的食べやすいのでウォッシュタイプ入門として好適、エポワスはクセが売物で愛好家向きです。

フレッシュタイプではフロマージュブランです。フロマージュはチーズ、ブランは白、合わせて「白チーズ」はフレッシュタイプの代名詞的存在であり、フランス各地で1年中造られます。フランス人は実によくフロマージュブランを食べます。1人当たり消費量1位のギリシャの主力はフレッシュタイプのフェタでした。3位のドイツも半分はフレッシュタイプのクヴァルクでした。2位のフランスも多くがフレッシュタイプのこのフロマージュブランなのです。みんなフレッシュタイプが好きなんですね。プチスイスもフレッシュタイプを代表するチーズで、全土で1年中造られています。19世紀半ばにスイス人がフランスで造り始め、その名がついたと伝えられます。日本では子供向けに、プチスイスに果物味をつけた感じの、プチダノンが流通していますね。

最後はイタリアです。この国には世界中で広く知られている、そして日本でもお馴染みのチーズが、いくつもあります。北部の都市パルマのまわりで出来る、その名もパルミジャーノ・レッジャーノが筆頭です。すりおろしてふりかける食べかただけが広まり過ぎていますが、そのまま食べておいしい牛乳のハードタイプです。熟成期間が短い方から長い方へ、フレスコ（新）、ヴェッキオ（古）、ストラヴェッキオ（極古）、ティピコ（典型）と、サブタイトルが変わります。

次に有名なのが青カビのゴルゴンゾーラです。

正式にはストラッキーノ・ディ・ゴルゴンゾーラと申します。ゴルゴンゾーラは秋にアルプスから牛たちが下りて来る途中の村の名前、ストラッキーノはその時に牛が「疲れてる」という意味の方言です。ほとんどがカビの少ない、味もマイルドなドルチェ（甘口）で、本来のカビが多く塩味で引き締まったピカンテ（ピリ辛口）は、今では少なくなっています。

ペコリーノもよく聞く名前ですね。「羊の」の意味で、これは羊乳チーズの総称です。後に地名を加え、トスカーナ地方の羊乳チーズならペコリーノ・トスカーノ、ローマのならペコリーノ・ロマーノ、シシリー島のならペコリーノ・シチリアーノ、サルデニア島のならペコリーノ・サルドというわけです。どれもハードタイプです。ゴルゴンゾーラやパルミジャーノ・レッジャーノが北イタリア産なのに対し、ペコリーノは南イタリア産のチーズと言えます。

その南部のナポリ付近には水牛がおり、例のフレッシュタイプ、モッツァレッラが造られました。モッツァレッラは「切り取る」ことで、チーズのモトをお湯で練ってちぎって丸めて水で冷やしたところから、この名がつきました。今では多く牛乳で造られます。味については説明するまでもないでしょう。南部らしく、トマトと合わせて仕立てる料理にもよく使われます。モッツァレッラを造る際に出た水分にミルクを加えて加熱したのがリコッタで、リ・コッタとは「更に・加熱する」に由来する名前です。マスカルポーネはそのリコッタにクリームを練り込んだものです。

前項と合わせて、11ヶ国33種類のチーズを見たことになります。これからご自分でいろいろ試し楽しんで行くベースとして、差当りこれで十分だと思います。

12 国々のワイン

前項と前々項とでいろいろな国のチーズのお話をしたら、今度はいろいろな国のワインのお話をしたくなりました。ブドウからお酒が初めて造られたのがイランの辺りらしいことは、以前にお話しましたね。今では50ヶ国以上でワインが造られています。その中で最も多くワインを生産しているのは、イタリアかフランスです。「最も」に2つ挙げるのは、年によって1位と2位が入れ替わるからです。つまり、ある年はイタリア、ある年はフランス、どちらかが1位でもう一方が2位、この両国がずっと1位と2位を占めているのです。3位のスペイン、4位のアメリカ、5位のアルゼンチンは、このところ変わりません。注目はここでも中国で、チリやドイツや南アフリカやオーストラリアを次々に抜き、6位にまで上昇してきました。

国全体の生産量はそうだとして、1人ひとりが最もワインを飲む国はどこか。これはルクセンブルクです。フランスとドイツとベルギーに囲まれた、奈良県よりも小さいくらいの国です。そこに住む50万人弱の人々が、世界で最も多くワインを飲んでいるようです。年に55リットルといいますから、週に1リットル以上です。赤ちゃんまでを含めての平均値なので、大変なものです。40リットル台にフランス・イタリア・ポルトガル、30リットル台にスイス・デンマーク・クロアチアと続き、一大生産国のアメリカははるかに離れて9リットル、ちなみに日本は2リットルです。

アメリカ／「アメリカワイン」イコール「カリフォルニアワイン」と皆が思うくらい、カリフォルニア産がよく知られています。90％がこの州で造られるため、カリフォルニアワインがアメリカワインの代名詞になっているのです。気候が安定していて地形が複雑なところへ、最新の設備と高度な技術が導入され、1960年頃から質が向上し、量も増大しました。

ナパ郡とソノマ郡が中心であり、有名なワイナリー（ワイン醸造所）がこの両郡に集中しています。中でもオーパス・ワンは、地元のロバート・モンダヴィとフランスの高級シャトー「ムートン・ロチルド」の共同所有で、そのとおりボルドータイプの上等な赤ワインで人気です。

安定した気候と進んだ設備のおかげで、年による質・量の変動が少なく、カリフォルニアワインでは年代は重視されません。また、土壌つまり産地より、メーカーやブドウ品種が前面に出てくるのが特徴です。

チリ／私たちの周りでも、最近よく見かけるようになりました。輸出量が多いのです。そのため今では、南米の代表はアルゼンチンではなくチリだ、と思っている人もかなりいます。値段もお手頃、味もその割に悪くありません。ナンバーワンメーカーのコンチャ・イ・トロの名前をご存知の方もいるでしょう。ロス・バスコスはフランスの高級シャトー「ラフィット」が関わっているメーカーで、これまたそのとおりボルドータイプのおいしい赤ワインを造っています。スペインのミゲル・トレスが参加しているその名もミゲル・トレスは、チリでは老舗のメーカーです。

オーストラリア／アメリカの80％の広さがありますが、アメリカが50の州に分かれるのに対し、この国の州は7つだけです。ワインが出来るのは主に南東部のサウスオーストラリア州とヴィクトリア州とニューサウスウェールズ州で、名高い産地にバロッサヴァレーやハンターヴァレーなどがあります。カリフォルニアと同じく、ブドウ品種を前面に出しており、特にシラーズという黒ブドウ品種のシッカリした赤が、オーストラリアワインの代表的存在です。旧世界の常識的パターンと関係なしに、大胆に品種を混ぜたりもします。

ニュージーランド／近年グングンと質がよくなっています。引っ張っているのは北島のホークスベイと南島のマールボロの両地区で、マールボロのクラウディベイは、ニュージーランドワインのチャンピオンとでも呼ぶべき、スッキリと姿のいい白ワインです。

中国／生産量は多いのですが消費量も多く、あまり輸出されておらず、従って私たちの目にほとんど触れません。大部分がヨーロッパの企業との提

携で、典型的な山東省のダイナスティは、フランスのレミー・マルタン社が造ったものです。これが唯一飲めるワインだったところ、同じレミー・マルタンが上海にインペリアルコートを創り、素敵な中国版シャンパンを世に送りました。

中国ではワインの消費が急増しています。リッチな層は世界の名だたるワインを買い求めています。たとえばフランスの5大シャトーの1つ「マルゴー」が中国で1年間に売れる本数は、シャトー自体の年間生産量の2倍と言われます。（勘定が合わないとお考えの方は、本書の第8話をご参照下さい）

スイス／私は何を隠そう、何も隠すことはない、スイスワインのファンです。とにかく、四の五の言わずに、シンプルでドライでフルーティなのです。気取らない食事の友の白ワインとして、他に何が必要でしょうか。色が薄めで味も同様な赤ワインも、金はないが品のある隣人、といった感じがします。生産量も決して多くなく、日本に運ばれてくるほどの質でもないと考えられているこの国のワインに、ここにひとつのコラムを設定するのは、こうした個人的な思いからです。もし店のワイン棚にスイス産を見つけたら、ぜひ試してみて下さい。

ドイツ／私が若い頃（それほど遠い昔ではありません、為念）には、「白はドイツ、赤はフランス」と言われたものです。栽培されるブドウの3分の2が白で、残りの3分の1の黒ブドウからも白ワインが出来ますから、生産量は白が85％と圧倒的です。そしてその白ワインは、たとえ「辛口」とあっても、やはりホンノリ甘みがあるのが特徴的です。ワインが造られるのは、フランスやスイスと接する南西部です。日本では「ラインワイン」「モーゼルワイン」ばかりが知られていますが、他にフランケンとかバーデンとか、いろいろな生産地域があります。最も評価が高いのはラインガウという、フランクフルト近くの一帯です。ここのシュロス・ヨハネスブルクなぞ飲むと、「生きててよかった！」と思ったりします。

近所のコンビニには、シュヴァルツェ・カッツェ（黒猫）やリープフラウミルヒ（聖母の乳）が置いてありました。名前も値段も親しみやすい白ワインです。畑で氷結するのを待って造る甘口のアイスヴァイン（氷ワイン）や、ドイツ版シャンパンのゼクトも、多少値段が張るものの、オススメします。

ポルトガル／ノンビリした味の赤や白を生産します。田舎に帰ってきたように、ホッっとさせるワインたちです。最北部のヴィーニョ・ヴェルデ地区の爽やかな白と、ドウロ河をはさんで南側のダン地区の骨太な赤とが双璧です。ヴィーニョはワイン、ウェルデは緑、合わせて「若いワイン」という意味の言葉が、地区の名前になっているのです。

スペイン／ワインの生産量はイタリアやフランスに及びませんが、ブドウ畑の面積は世界一です。マドリッドの南の内陸部ラ・マンチャが最大の生産地区です。「ラ・マンチャの男」の、あのラ・マンチャです。質の点では、フランス寄りのリオハ地区産が優れています。19世紀後半、フランスのブドウ畑が虫害で壊滅的打撃を受けた時、ボルドーから移り住んだ人々によって、上質な赤ワインが造られるようになりました。他に私が好きなのは、フランスとの国境近い地中海岸ペネデス地区に多く産する、スペイン版シャンパンのカバです。カバとはワイン蔵を指す地元の言葉です。

ワインの本場と目されるフランスとイタリアについては、次項で改めてお話しします。チーズのときと同じパターンですね。

13 フランスとイタリアのワイン

「国々のワイン」のうち、今回は両横綱のフランスとイタリアです。まずフランスから始めましょう。フランスはかなり大きな国です。面積は日本の約一・五倍、ヨーロッパではロシアとウクライナに続く三番目の大きさがあります。均斉のとれた六角形の国土の、北端は北緯五一度つまり樺太の中央あたり、南端は四二度つまり室蘭あたりです。ブドウは緯度三〇度から五〇度の間で生育すると言われますから、北フランスはワイン生産の北限ギリギリになります。

フランスのワインとしてすぐ思い浮かぶのはボルドーですね。ボルドーはフランスの南西部、地図で言うと左下にある町で、それを中心にした一帯がボルドー地方です。ワインの名前に、よく「シャトー何々」というのがあります。シャトーはフランス語で「城」または「館」の意味ですが、「シャトー何々」は別に、お城や宮殿で造っているわけではありません。この地方でワイン醸造所のことをシャトーと呼んでいて、「シャトー何々」は「何々醸造所」、そこで造られたワインを指すのです。ボルドーはあのボルドー色の、赤ワインで有名です。どれもタプッとした、豊かな感じでコクがあります。シャトー・マルゴーやシャトー・ラフィットがその代表です。いま世界で一番高いとされるシャトー・ペトリュスも、ボルドーの赤ワインです。もちろん白もあります。中クラスのドライな白の他、貴腐ワインと称する甘口の白も、ボルドー地方の特産です。

初めがボルドーなら、次はブルゴーニュでしょう。ブルゴーニュは町ではなく、フランス中部東寄りの地方です。シャトーはボルドー特有の呼び方ですから、ブルゴーニュにシャトーはなく、ワインには村や畑の名前がつけられています。フランスではボルドーワインは「彼女」、ブルゴーニュワインは「彼」と形容されます。味わいを大きく分けると、ボルドーは優美、ブルゴーニュは雄勁なんですね。「幻の銘酒」ロマネ・コンチは、ブルゴーニュの赤のチャンピオンです。白もモンラッシェをはじめとして、名だたる銘醸が集中しています。シャブリはこの地方北端の町で、その周辺があの世界で一番知られている白ワインを産出します。反対の南端にはボージョレ地区があります。そうです、毎年一一月の第三木曜日に新酒が解禁になる、あの世界で一番知られている赤ワインを産出する地区です。どうも今回は「世界で一番」が多い気がします。

ロワールはフランス中部を東から西へ流れて大西洋に注ぐ、フランス第一の長流です。その中下流域で赤も白も甘口も辛口も、いろいろなワインが造られます。どれもが穏かで明るいワインです。サンセールとかプイイ・フュメとか、名前をお聞きになったことがありますか。機会があったら、どうぞ一度飲んでみて下さい。二五〇〇円前後からと少しお値段は張りますけど、ロワールの辛口の白のよさを実感されると思います。

シャンパーニュはブドウ栽培の北限に近いフランス北東部で、もともとはあまり良質なワインを造れなかった地方です。それが発泡酒の誕生によって変貌しました。発泡酒シャンパンを「発明」したのは、一七世紀の修道僧ピエール・ペリニョンということになっています。私たちがドンペリと縮めて呼ぶ高級シャンパン「ドン・ペリニョン」は、このペリニョンさんに修道僧への敬称「ドン」をつけたものです。

東側のドイツとの国境近くがアルザス地方です。ドイツと同じくほとんどが白ワインで、ドイツと違いその多くが辛口です。最近はフランスワインにも、ブドウ品種名を中央に載せたラベルが見られますが、以前は品種を名乗るのはアルザスだけでした。リースリング、ゲヴュルツトラミネール、ピノ・グリ、ミュスカなどがそれです。全体的に、地味な華やかさが特色です。

このところ元気なのがランドドッグです。地中海岸の西半分で、このあたりは質より量のワイン生産地でした。近年、元からある以外のメジャー品種を導入したり、域外や国外の造り手と提携したりして、質がグングン上昇しています。お値段

はグングンと上昇してはいないので、気軽に楽しめます。量は変わらず豊富ですから、日本の売場にも出廻っています。赤でも白でも、ぜひお試し下さい。

最後はローヌ地方です。ローヌはスイスのレマン湖から地中海まで流れる河で、ワインはフランスのやや東南の町リヨンより下流域で造られます。大部分が赤ワインであり、印象を一言で表わせば力強さです。昔この地方にローマ法王が住んでいたことがあって、それにちなんだシャトーヌフ・デュ・パプ（法王の新城館）という名高いワインがあります。高いのは「名」で、「値」はそれほどではありません。フトコロに余裕がある時に売場で見かけたら、話の種に買われてはいかがでしょう。

イタリアは日本の八割くらいの面積の、南北に長い国です。北は北緯四七度つまり樺太南端近く、南は三七度つまり宇都宮あたり、三〇度と五〇度の間と言われるブドウ生育圏に、余裕でスッポリ収まります。そのため、二〇ある州のすべてでワインが造られています。

イタリアのワインと聞いて、すぐ思い浮かぶのはキアンティですね。私たちの耳にも馴染の、軽い赤です。キアンティにクラシッコと付け加えられているのがあります。「古くからのブドウ園で造られた」意味で、これは単なるキアンティより上等というわけです。キアンティが出来るのは、ローマ北方の地中海に面したトスカーナ洲です。フィレンツェを中心とするこの州には他に、ブルネッロ・ディ・モンタルチーノやヴィーノ・ノービレ・ディ・モンテプルチアーノなどの赤があります。このブルネッロはブドウの品種名です。ディの後が地名で、「モンタルチーノでブルネッロ種から造られたワイン」ということです。イタリアのワインには、このパターンの名前がたくさんあります。

生産量が最も多いのは、北東部の町ヴェネツィアを中心とする、その名もヴェネト州です。ドライでスッキリしたソアーヴェなどの白ワインと、「(ヴェネツィア西方の町)ヴェローナのプリンス」と呼ばれるヴァルポリチェッラなどの赤ワインを産します。生産量が次に多いのが、南隣のエミリア・ロマーニャ州です。中心都市ボローニャの名前を知らない人でも、その形容詞形ボローニェーゼは知っている筈です。ミートソースのスパゲッティのおかげです。ここではランブルスコ・ディ・ソルバーラが目立ちます。ブドウの味が鮮かな、赤の発泡ワインです。

高級ワインが多いのは、トリノを中心とする北西部のピエモンテ州です。「イタリアワインの王」バローロ、その弟分みたいなバルバレスコ、それにガッティナーラやゲンメと、ボディのしっかりした赤ワインがあります。シャープな味に日本でも人気がある白の辛口のガヴィ、スプマンテ即ち発泡で親しまれる白の甘口のアスティも、この州の産です。

以上のすべてがイタリアの北半分に属します。南半分からは二つ挙げておきましょう。一つはローマを中心とするラツィオ州のエスト!エスト!!エスト!!!です。エストは「ある」の意味で、ローマ近郊でおいしいワインを探した兵士が、このワインを造る家の扉にこう書きつけたというエピソードがあります。サラサラとした白ワインです。もう一つはその南、ナポリを中心とするカンパーニャ州のラクリマ・クリスティです。「キリストの涙」という名前で大分トクしている、シンプルな白ワインです。

14 ワインの階級

世の中、何にでも順位をつけたがる人が多いですね。「で、フランス料理では何が一番おいしいんです?」、「結局どこが一番のレストランなんですか?」、「要するに、一番いいワインてどれですか?」、「これが一番、というチーズを教えて下さい」……そんなこと訊かれても困ります。オリンピックのような競技会と違い、これが金メダル、あれが銀メダル、こちらの勝ィ、とはいきません。これにはこれの、あれにはあれの、それぞれよさがあって、どちらのよさが上などと、なかなか簡単には決められません。答えかねていると、なんだこの人ホントは何も知らないんじゃないかと、疑わしそうな顔をされたりします。ま、こちらが一番、あちらが二番と、誰かが決めてくれれば解りやすいし、気分も落ち着くんでしょうけど。

昨日近所のスーパーで買った、1480円の白と980円の赤ワインのボトルに、金紙の首輪みたいなのがついていました。白のには「金賞受賞、Gold Medal、ワインコンクール金賞受賞ワイン」と書いてあります。金賞なんだからとにかく一番、みたいな気がしますが、金賞が他にもあるのか、いやそもそもいつのどこの何のコンクールなのか、全く不明です。これでは何の情報にもならない、役立たずの宣伝文句に過ぎません。私はこのテの、コンクールで賞をとった式のワインを、ほとんど評価しません。たとえそれが実際に行われたコンクールであっても、ある程度以上のワインがそうしたものに参加することは滅多にありませんし、賞をとったと触れて回るのは、そうでもしないと売れないいんだと思うからです。

では、知らないワインの質を判断するのに、何も手がかりがないのでしょうか。ごく大まかな基準を、ＥＵが定めています。上中並というか松竹梅というか、とにかく3クラスです。上は「原産地呼称保護」ワイン、中は「地理的表示保護」ワイン、並は「地理的表示なし」ワインとされます。ＥＵ各国はこれに基づいて、自分の国での呼びかたを決めているのです。

フランスの例を見てみましょう。フランスの「上」は Appellation d'Origine Controlée、訳せば「原産地呼称統制」、頭文字を並べてＡＯＣです。ラベルのどこかにこれらの文字があったら、「オ、これはフランスの上物だ」と受け取っていいわけです。「中」は Vin de Pays、訳せば「地元ワイン」です。ラベルのどこかにそのような文言を見つけたら、「フム、これはフランスの中物？だ」と受け取っていいわけです。値段も上物に比べてお財布フレンドリーなレベルです。最近はこのクラスのワインをたくさん見かけます。「並」は Vin de Table、訳せば「テーブルワイン」です。ラベルのどこかにそう書いてあったら、「あ、これはフランスの並物だ」と受け取っていいわけです。値段は中物より更にフレンドリーで、店頭ではあまり目につきません。それでも飲み放題のセットとか、グラス売りのハウスワインとかには登場します。

フランスには以前、「上の上」と「上の並」があったのですが、EU規定の成立に合わせて1つにまとめられました。イタリアは「上」をまだ2つに分けています。「上の上」がDOCGで、昨日一緒に買った2480円のバローロのラベルでは、DOCGと略さずに、ワイン名の下に、フルスペルで書いてありました。何かイタリア語が並んでいたら、頭文字を拾ってみて下さい。「上の並」はDOCで、日本人にも好かれるソアーヴェは、ソアーヴェ・スペリオーレがDOCG、普通のソアーヴェがDOCです。「中」はIGTで、このクラスは産地名そのもの、またはブドウ品種に産地名を加えたものが、ワインの名前になっています。「並」は単なるVino（ワイン）で、地理的な表示がつきません。

14 ワインの階級

ドイツもイタリアと同じく、「上」の二分を維持しています。「上の上」はプレディカーツヴァイン（称号つきワイン）、「上の並」はQbAです。「中」はランデヴァイン（地元ワイン）、「並」はドイッチャーヴァイン（ドイツワイン）です。

以下同文というか、スペインにしろポルトガルにしろ、オーストリアにしろギリシャにしろ、ワインを産出するEU加盟国は、EU規定に沿ってワインの質を分類しています。上と中と並についての細かなきまりはありますけれども、それはさておき、ワインの質を区分するのに、世界の生産量の70％を占めるヨーロッパではこの三分法が広く行われている、と考えておけばいいでしょう。

ヨーロッパ以外にも、アルゼンチン・チリ・オーストラリア・ニュージーランドなど、ヨーロッパに準じた原産地呼称制度を設けている国がありました。カリフォルニアワインは「制度」でなしに、3つのカテゴリーに分けて「理解」されています。「並」は、ヨーロッパの有名な名称にあやかって命名された、中身はそれと関係ないワインです。ラベルにはシャブリとかバーガンディとか書いてあります。ついでですが、バーガンディはフランスのブルゴーニュを指す英語です。飲んだアメリカ人が「うむ、これはブルゴーニュなどというまがいものと違って、さすがに本物のバーガンディだ！」と叫んだというハナシがあります。「中」は、ブドウの品種名をそのまま名前にしているワインです。ラベルにはシャルドネとかカベルネ・ソーヴィニョンとか書いてあります。「上」は、醸造所独自のブランド名をつけたワインです。オーパス・ワンとかシャトー・セイント・ジーンとかはこれです。

「並」はセミ・ジェネリックワイン、「中」はヴァライエタルワイン、「上」はプロプライエタルワインと、それぞれ呼ばれますけど、そんな呼びかたはともあれ、モーゼルなど誰でも知っていそうな名称が大書してあったら並級、メルローなどブドウ品種名が掲げられていたら中級、クロ・デュ・ボワなどブランド名が記載されていたら上級、と覚えておけば、差し当たり十分だと思います。これら並中上の他に、ボルドータイプの高級品のためのメリテージワイン、最高級品のためのカルトワインといった、例外的なカテゴリーもあります。赤のグレースファミリーとか白のマルカッサンとかは、カルトワインです。

先ほどのソアーヴェのように、同じ名前にスペリオーレみたいなのが加えられているワインをご覧になったことがあるでしょう。スペリオーレは英語ならスピリアで「上等」、ワインではアルコール度が「上」の意味です。リゼルヴァも時々見かけます。英語ならリザーヴで「蓄え」、ワインでは長く「蓄え」られた意味です。スペインワインにはグラン（大）がついたグラン・レゼルバまであります。クラッシコは英語ならクラシックで「伝統的な」、ワインでは「伝統ある」ブドウ園で造られた意味です。キヤンティ・クラッシコは有名ですね。どの形容詞も、ついたものの方がつかないものより高級とされ、値段も高くなります。

15 チーズは太る？

チーズは栄養満点の食品、とされています。チーズのモトはミルクで、ミルクは赤ちゃんがそれだけで育つ栄養源ですから、それをモトにしたチーズが優れた栄養食品なのは間違いありません（ただ、ビタミンCや食物繊維はないので、満点ではなく80点くらいかも知れません。その意味でも、サラダに入れたりフルーツと一緒に食べたりするのは、合理的だと言えます）。栄養に富むのはまことに結構ですが、ではつまり、チーズを食べると太ってしまうのでしょうか。

説明書きやパッケージのラベルに、そのチーズの脂肪分が表示されています。MG何％というのがそれで、MGはフランス語の「脂肪分」の頭文字です。プチスイス（フレッシュタイプ）で40％以上、カマンベール（ソフトタイプ）で45％以上、カンタル（セミハードタイプ）で45％以上、コンテ（ハードタイプ）で45％以上、セル・スュル・シェール（シェーヴルタイプ）で45％以上、ロックフォール（青カビタイプ）で52％以上と、どのタイプも40～50％の数字が記されています。「ええ！チーズって、あの半分近くが脂肪なの？」は少々早トチリで、このパーセンテージは、チーズの中の乾燥分に含まれる脂肪分の割合です。チーズはフレッシュなら85％、カマンベールなら55％、カンタルなら43％、コンテなら38％、セル・スュル・シェールなら37％、ロックフォールなら44％が水分です。どのタイプもそもそも半分近くが、フレッシュタイプに至ってはほとんどが、水分なのです。乾燥分はそれを差し引いた約半分、脂肪分はそのまた約半分ということです。したがって、全体の重さに占める脂肪分の値は、大雑把には半分の半分、即ち四半分になります。近所のコンビニで先週買った294円のカマンベールの箱には、途中を省いてわかりやすく、「100グラム当たり脂質25グラム」と書いてありました。概してチーズは脂肪分が全体の四分の一、フレッシュタイプではそれよりずっと少ない、と覚えておくといいでしょう。

四分の一でも気になりますか。心配はないと思います。私たちはチーズを実際に、それほどたくさん食べるわけではありません。皆さんはいつも、パンとかパスタとか添えてあるものを除いて、チーズ自体をどのくらい召し上がりますか。いくら好きな人でも、1回に食べるチーズそのものの量は、せいぜい100グラムまでではないでしょうか。100グラムは、ごく普通のバターの箱の半量です。その程度以下なら、あまり神経質になる必要はない、というのが私の考えです。そりゃ毎日200グラムも300グラムも食べ続けたら、太るに違いありません。チーズに限らず、他のたいていの食品だって同じです。要はトータルの量なのです。常識的な量なら、安心して食べて大丈夫です。

と、ここで思い出話があります。私が初めてフランスに住むことになった頃、日本で肥満が話題になり始めていて、「太らないため、ごはんの代わりにパンを食べよう」と言われていました。肥満対策、パン食のススメです。フムフム、パンは太らないのね、と理解してフランスに行きました。ところが驚いたことに、パリの町のあちこちに、「太らないため、パンの代わりに米を食べよう」という大看板が出ています。肥満対策、米食のススメです。何だ、これは？ 日本とフランスとで、ススメが正反対じゃないか。一方ではごはんは太るからパンにしろと言い、他方ではパンは太るから米にしろと言う。体質の差のみでは片づけられない、解決不能の難問だ……しかし聡明な？私は、すぐに気がつきました。結局これは量の問題なのだ。日本人にいくらパンを食べろと勧めても、ごはんと同じほどの量のパンを食べるはずがない。フランス人にいくら米を食べろと勧めても、パンと同じほどの量の米を食べるはずがない。要するに双方とも、食べる穀物の量を減らせという意味なんだ……この日仏両国にまたがる難問の自力解決以来、私の肥満対策は穀物摂取総量

規制一本槍です。効果は今日まで長期にわたる私自身の人体実験で立証されています。ぜひお試し下さい。

牛乳を飲むとおなかをこわす人がいます。そういう人がチーズを食べるとどうなるんでしょうか。これも大丈夫のようです。こわすというか、おなかがゴロゴロするのは、牛乳に含まれる乳糖という成分に弱いためだそうです。その乳糖は、ミルクからチーズになる過程で排出されるか分解されるかしてしまい、出来上がったチーズには残っていないのです。牛乳がダメな人でも、チーズはオーケーです。(初めの部分でチーズにはビタミンCがないとお話しました。ビタミンCはミルクにはもともと含まれています。これもチーズ作りの途中で排出されてしまうのです)

太らない、おなかをこわさない、など防戦一方みたいですね。積極的な面の、栄養に関するチーズのウリは何でしょう。第一のウリはカルシウムです。今や日本人は栄養がよく行き届いていて、行き届き過ぎた人もいて、統計調査では、不足栄養素はカルシウムだけとされています。チーズはそのカルシウムが豊富な食品です。どのくらい豊富かと言うと、たとえばスライスでおなじみのあのプロセスチーズが、同じ目方の卵の12倍、豆腐の5倍、メザシの2倍です。不足分は1日1枚ちょっとのスライスで補える勘定です。カルシウム不足は骨や歯に影響するだけでなく、イライラのモトにもなるらしいですから、突然キレたりしないためにも、どうぞチーズをおあがり下さい。

前項でワインについて、質を判断する手がかりのお話をしましたね。EUが定める上中並、または松竹梅の3種類でした。チーズについても、EUは同様の制度を設けています。上は「原産地呼称保護」チーズで略号PDO、中は「地理的表示保護」チーズで略号PGI、並は「伝統的特産品保証」チーズで略号TSGです。EU各国はこれに基づいて、自分の国での呼びかたを決めています。フランスのPDOクラスはAppellation d'Origine Protegée で、略号AOPです。これを認められているのはフランス産熟成チーズの20%ですから、ラベルのどこかにそれらしい文字があれば、「オ、これはフランスの上物だ」と受け取っていいことになります。日本で目につくフランス産のチーズは、大部分がこのクラスです。イタリア、スペイン、ポルトガルでは、PDOクラスはDOPと呼びます。この制度が設けられたのは近年のことなので、フランスものでAOC、イタリアものでDOCという、以前の表示のままのケースも少なくありません。ワインと同じく、上と中と並に関して細かなきまりはありますけれども、それはさておき、チーズの質を区分するのに、各種チーズの生産が盛んなヨーロッパではこの三分法が広く行われている、と知っておきましょう。ヨーロッパ以外では、この種の質的区分は見当たりません。

16 ワインの適齢期

今回はワインの「年代」の話から始めます。ほとんどのワインのラベルには、年を表わす数字が書いてあります。そのワインの原料のブドウが収穫された年を示すものです、その年の天候によってブドウには出来不出来があり、それでワインの味が違ってきますから、収穫年は情報として大切です。しかし、年による味の違いを問題にするのは、ある程度ワインを飲み慣れた後のこととして、初めのうちは年などあまり気にせず、産地や品種をキーにしてワインに親しむ方がいいと思います。こういう名前の産地のワインは、あるいはこういうブドウ品種で造ったワインは、だいたいこういう味がするんだなあと理解した上で、それでは年による違いを味わってみようかと、段階的に進むのです。初めから産地だ品種だ年だ造り手だといっぺんに考えると、変数が多過ぎて、何が何だかわからなくなります。それに、ワインの味を大きく規定するのは産地であり品種であって、年による違いは比較的マイナーです。差し当たりはメジャーなほうに注目し、「トシの差は気にせ

16 ワインの適齢期

ずに行こう」が第一のアドバイスです。

それでもやはりよい年とよくない年を知っておきたい人には、ワインショップなどでタダでくれる一覧表が便利です。ブドウ産地の地方名と収穫年とがタテヨコになっていて、その地方のその年の出来が二重丸・丸・三角みたいに表示してあります。同じ年でも天候は地方によって同じではなく、この地方の白はよかった年でも、あの地方の赤はよくなかったということはあるので、地方別・赤白別になっているのが普通です。収穫年を気にするようになったら、活用するといいでしょう。

よい年、当たり年のブドウで造られたワインを、英語でヴィンテージワインと言います。ヴィンテージは本来、単にブドウの収穫年を指す単語です。そこから、わざわざその年にスポットを当てる価値のある、銘醸年産良質ワインを表わすようになりました。ヴィンテージワインを強いて訳せば、「年号物」ワインとでもなりましょうか。

よく耳にする「年代物」ワインは、これと少し違います。

年代物とは何かを国語辞典で引くと、「長い年月を経て、それによって価値の出た物、または非常に古い物」と出ています。ヴィンテージワインが当たり年のワインで、古くても新しくても構わないのに対し、年代物ワインはとにかく古くなければならないわけです。

確かにそういうワインはあります。でもそれらは極く限られた、例外的な種類のワインです。大抵のワインは古くなったらヨレヨレで、おいしくありません。反対に新し過ぎるのは、大抵ギスギスしていて、快適ではありません。ワインは生きものであり、生まれ、育ち、やがて衰えます。そのサイクルの中で一番いい時、つまり飲み頃があります。飲み頃は通常の白ワインでまあ3～4歳、赤ワインで5～6歳といったところです。これは一般的な目安であり、それより前でもそれより後でも、もちろん飲めます。新し過ぎたり古過ぎたりしない限り、それなりに楽しめます。ただその辺りが最もおいしく飲める平均年齢、という意味です。

飲み頃はワインの種類で異なります。ここで種類とは、大まかには産地です。使うブドウ品種やそのミックス具合は産地ごとに決まっており、この白なら若飲みタイプとか、あそこの赤なら長置きタイプとか、産地を聞けば判断がつきます。しかし、初めのうちはそれら一つ一つを考えていられませんから、いわば四捨五入した、先ほどの年数を目安にするのをお勧めします。「白は3～4歳、赤は5～6歳。適齢期につき合おう」が第二のアドバイスです。

赤白ともに、適齢期が10歳を超えるのは多くありませんが、限られた例外的なワイン、よく「偉大な」と形容詞がつくワインには、成長期間が長く、20年30年と熟成が続き、かなりあとにピークを迎えるものもあります。逆に、それだから偉大なワインと呼ばれるのです。概して白よりは赤、

16 ワインの適齢期

中でもボルドーは長命です。では一体、ワインはどのくらいまで長生きするのでしょうか。

私が体験した最も古いワインは、ボルドー地方オーメドック地区サンジュリアン村のシャトー・グリュオーラローズ1890年です。フランスから帰国する際、親しい同僚のフランス人が餞別にくれたものです（よい同僚を持って幸せでした）。これを家内の手料理に合わせて飲んでは畏れ多い？ため、神戸の友人に頼んで彼のレストランに持ち込みました。栓を抜く時には、ソムリエの手が心なしか震えているように見えました。無事にコルクが抜け、ソレ早くと友人と一緒に有難く飲みました。味はどうだったか……若い頃さぞ綺麗だったに違いない老婦人のよう、でした。イヤ誤解なきように。褒めているつもりです。100歳を超えて、さすがに力感はないものの、気品と性格は見事なものでした。これだけ長生きするのは、やはり血筋ならぬ地筋だと思います。「地」筋とは産「地」です。エエトコの出というのは、いまどき流行らないかも知れませんけど、地筋は争えないものだと実感する経験でした。

いまの話で、ソムリエというのが出て来ましたね。年代からソムリエに、話を変えましょう。現在ではワインとくればソムリエ、くらいに有名な言葉になっています。かなり前に田崎真也さんが世界コンクールで1位になって以来、日本で一気に広まりました。もうすっかり日本語として市民権を獲得し、国語辞典にも「レストランで、ワインに関して豊富な知識をもち、客の相談などにのる専門家」と載っています。その延長で野菜のソムリエとかチーズのソムリエとか、蕎麦のソムリエ「ソバリエ」まで目にするほどです。

ソムリエは「ソムする」人、ソムとはもともと「荷物を積む馬の鞍」ですから、王侯貴族の荷物運搬係が語源です。運搬しない間は倉庫で保管する係で、保管する物のうち特に飲物を管理するようになり、飲物の中心であるワインが専門となり、革命後に激増したレストランでは、飲物担当のウェイターを指すことになりました。男の場合はソムリエ、女の場合は語尾が変化してソムリエールです。

レストランのウェイターになるのに、何の資格も要りませんね。担当が飲物であっても、変わりはありません。そのお店がそうだと言えば、誰でもソムリエないしソムリエールと名乗って差支えないのです。日本では日本ソムリエ協会が実施する検定試験がよく知られていて、合格した人が大きめの金バッジを光らせてワインサービスをしているのを見かけますが、別にその試験に受からなければソムリエの仕事をしてはいけないわけではありません。即ち、ソムリエについての公的資格はありません。これはフランスにおいても同じです。

「何々のソムリエ」は大流行ですが、その「何々」は飲み食いの範囲内にとどまっているようです。飲み食いの範囲外に出るとソムリエは使われず、代わって登場したのがコンシエルジュです。こちらはまだ日本語の市民権を得るに至らないと見え、国語辞典には現れていません。正しくは「エ」が小さくなくて大きいコンシエルジュ、英語ならコンシエアジュと発音し、建物の管理人とか門番を意味する言葉です。今でも主としてその意味で使われますけれども、ホテルで泊まり客の便宜をいろいろ計らう係に適用され、よろず相談承り的に解釈され、今や日本でお歳暮コンシェルジュや不動産コンシェルジュ、ファッションコンシェルジュとまで使われています。コンシエルジュは男でも女でもコンシエルジュのままで、語尾に変化はありません。

17 ワインの保管は

ワインの適齢期の話題の中で、若過ぎるのは多くの場合あまり快適でないとお話しました。では、あれはどうなのでしょう、あれ、有名なボージョレ・ヌーヴォーは。毎年11月の第三木曜に売り出されて大騒ぎになるボージョレ・ヌーヴォーは、その年のブドウで造る若ワインの典型です。

ボージョレはブルゴーニュワイン地域の南端の地区です。中心的な町だったボージューからその名がつきました。ここでは白もロゼも出来るのですが、ガメ種のブドウで造る赤が、何と言っても代表選手です。ワインは通常、ブドウを潰して発酵させて澱を除いた後、樽で数ヶ月熟成させ、壜でまた数ヶ月熟成させます。だからどうしても、ブドウを摘み取ってからワインとして飲むまで1年はかかる勘定です。若飲みと言っても、収穫の翌年になります。ところがボージョレでは、ブドウを潰さずにタンクに密閉し、炭酸ガスを入れて発酵させ、その後タンクをあけて酸素に触れさせ、1ヶ月足らずで言わば強引にワインに仕立て上げます。こうすると色は鮮やかで渋みが少ない、フルーティな赤ワインになります。この造り方によって、若くとも快適なワインが出来るわけです。ヌーヴォーとは「新しい」という意味のフランス語です。「初物」の意味のプリムールということもあります。新酒ですね。新酒は今では、ロワールやコート・デュ・ローヌその他の地方でも造られています。

同じくボージョレでも、ボージョレ・ヴィラージュというのを目にしますね。ボージョレには階級が3つあって、最も上等なのが特定の10の村で造られるものです。これらのワインはその村自体の名前、たとえばフルーリとかモルゴンとかを名乗ります。「その村」限定のワインです。そうした村の周りの40近くの村のブドウで造られるワインが次のクラスで、これがボージョレ・ヴィラージュです。ヴィラージュは英語のヴィレッジ、村という意味です。「それらの村々」限定のワインです。ラベルを注意して読んで下さい。ヴィラージュの末尾にSがついて、複数形になっていま

す。特定の10ヶ村でない、周辺の40ヶ村でない、ボージョレ地区ならどこでものブドウで造られるワインが、最後の単なるボージョレです。つまり、ヴィラージュがついている方が、つかないボージョレより上等なのです。この炭酸ガス注入法で醸造されたワインは、時と共に味が落ちるので、味と共に値段も落ちるので、「その村」限定クラスは勿体ないからか、余りヌーヴォーにはしないようです。

ヌーヴォーでない一般のボージョレは、炭酸ガスを注入せずに造ります。それでも適齢期は、「白は3~4歳、赤は5~6歳」の原則よりやや若めです。そして適温も、「昔の室温＝18度くらい」の原則よりやや低めです。やはりボージョレはフレッシュさがウリなんですね。私はヌーヴォーより一般のボージョレの方が好きですし、赤に比べてマイナー扱いの、フランスでも域外ではお目にかかることの少ない、まして日本にまでわざわざ運ばれることの少ない、白が大好きで

17　ワインの保管は

す。どこかで見かけたら、この地味ィな感じのボージョレ・ブランを、ぜひ味わってみて下さい。値段もお手頃です。

トシについてはこれくらいにして、次に保管のお話をします。買って来たワインを自宅でどう保管するか、です。「去年買ったワイン、そのままでひと夏越えたし、もうダメになってるかしら」とか、「海外旅行でワインを買って来たいんだけど、ウチにはワインセラーがないからなあ」とか、よく聞きます。一言で言えば、皆さん神経質になり過ぎです。まあまあクラスのワインを買って、飲むまでしばらく置いておくのなら、温度だ湿度だと気にする必要はありません。ごく普通に、室内に寝かせておけばいいのです。

モノの本には、温度は12度、湿度は70%、光が当たらず、風も当たらず、振動がないこと、などと出ています。これらの条件を満たすには、本当にワインセラーを持つしかないですね。よほどの銘醸ワインを何万円も払って、それも数多く買っ

て、大切に長く保管したい向きには、セラーを持つことをお勧めします。平均的なお宅ではそこまでしないとして、それらの条件について考えてみます。

温度では何度がどうこうより、急な変化が問題です。アップダウンが激しいと、ワインはくたびれてしまい、劣化します。日本の夏は35度を超えたりもしますが、冬から夏に半年かけて上昇するのですから、ワインも驚かず、ちゃんと適応します。火を使う台所に置かなければいいでしょう。湿度も同じです。夏のジメジメから冬のカラカラに大きく変わるとしても、数ヶ月がかりのゆっくり変化ですから、これも心配いりません。コルクの栓が乾かないよう寝かせておくのがいい、くらいです。まさかお風呂場に保管する人はいませんよね。光についてはまず、ベランダで陽にさらしてはいけません。室内灯は当たるよりは当たらない方がの程度で、押入れや物置だったら申し分ありません。風は室内を吹き続けはしないでしょう。エアコンの吹出しに気をつけるだけで十分です。以上に比べて、振動は大切な点です。タマにドンならどうということはないのですけど、絶えず小刻みに揺らされると、ワインはくたびれます。線路の近くなど振動が続く所は避けるべきです。このように考えた時、平均的な住まいで保管に適した場所は、押入れか玄関の靴棚あたりになると思います。我が家では廊下の隅の、掃除機を立てかけたりするコーナーの奥に、簡単なラックを置いています。そこに載せて何年かぶりに飲んでみて、おかしいと感じたワインはこれまで1本もありません。

栓を抜くまでの保管はそういったところで、今度は栓を抜いたあとの保管です。「ワインを飲みたくても、ボトル1本はとても飲み切れません」、「ハーフは割高な気がして、買いたくないのよね」、「ワインは栓を抜いてから、どのくらいモツんですか」、ともよく聞きます。ワインは空気に触れていると変質します。酸素によって変化する、酸

17 ワインの保管は

化です。変質は白ワインは早く、赤ワインはゆっくり進みます。何事も白よりも赤の方がゆっくりしているのです。その赤でも、栓を抜いたままでは翌日にはもう飲みたくない状態になっています。栓を詰め直しておけば、まあ翌日までは何とかモツ感じです。飲んで減った分の空間の酸素が働くため、それ以上は無理です。最近売っている空気吸出し装置つきの蓋は、中を真空にして酸化は防ぎますが、香りも一緒に吸い出すとか、粗悪品でうまく真空にできないとか、使いにくいとか、いろいろあるようです。

私のオススメは、もっと原始的な方法です。スクリューキャップのクォーターの空壜を3本用意する、これだけです。フルボトルをあけて1回に飲む量は、四分の一を単位とすると決めます。つまり飲む際は四分の一か、四分の二か、四分の三かにするのです。四分の一しか飲まなかったら、残り四分の三をクォーター空壜3本に移し、四分の二飲んだら2本に移し、四分の三も飲んだら1本に移します。1本の空壜に入れる量は、そのクォーター壜に元のワインが入っていたその高さにします。端数？は飲んでしまうのです。元のワインはその量で密閉されて売られていたわけなので、新たな飲み残しワインもその量で密閉すれば、正規の状態で保てるはずです。この移し替え法で1週間や10日はラクにモチます。単純なだけに、香りをなくすとか、粗悪品だとか、使いにくいとかはありません。この原始的方法を、栓を抜いたあとの保管問題の解決に、自信を持ってお勧めします。

18

チーズをどう買うか

前にワインについて、「どこで買うか」「いくらのを買うか」「どんな種類のを買うか」といったお話をしました。今回はチーズについて、それ的なお話をします。まず「どこで買うか」です。チーズを買う店は、大きく3つに分けられます。スーパー、デパートや食料品店、専門店です。

プロセスチーズを卒業して、ではナチュラルチーズを食べてみようかという初めの頃は、スーパーが便利ですね。スーパーは売れ筋品に特に敏感な商売ですから、そこに並んでいるのをチーズのスタンダードナンバーと見なして、あれこれ試してみるのがいいと思います。私の家の近くのスーパーでも、フレッシュタイプ、白カビとウォッシュとのソフトタイプ、セミハードタイプ、ハードタイプ、それに青カビタイプにシェーヴルと、すべてのタイプの代表選手が何種類かずつ、フランス、イタリア、その他まぜこぜで、ひととおり揃っています。

スーパーのレパートリーに物足りなくなったら、デパートや食料品店のチーズ売場に行きま

18 チーズをどう買うか

しょう。種類は遥かに豊富ですし、それぞれのチーズにナマっぽさがあります。売場にはおばさん（なぜか、おばさんが多い）が居て、親切にそれなりの説明をしてくれたりします。値段はスーパーよりいくらか高めながら、品質の劣化はほとんどなく、安心して買って楽しめます。

もっととなれば、チーズ専門店です。今ではチーズ専門のお店が、各所に出来ています。品揃えは充実、それぞれのチーズの顔つきも、イキがいい感じです。専門店の長所は、売り手のおねえさん（なぜか、おねえさんが多い）の接客です。チーズの分野でもワインのソムリエと同じく、民間の団体が設けている各種の任意資格があり、彼女達の多くはそれを取得するなどして一定レベルの知識を備え、いろいろ案内してくれるのです。お客はいわば相談しながら、教わりながら買えるわけで、デパートや食料品店段階を飛ばしてスーパーの段階から専門店にジャンプするのも、悪くありません。少し高めの値段にはその案内料も含まれていると考え、遠慮なく初歩的な質問でも何でもして、モトを取りましょう。

次は「どんな種類のを買うか」です。最初はやはり、様々なタイプのチーズを食べ比べるようお勧めします。すべてのタイプではシンドければ、ソフトタイプを白カビとウォッシュに分けた上で5つ、それもチョットねなら3つでも結構です。5つの場合は、やや特異なフレッシュと、別ワールドを形成するシェーヴルとを除いて、白カビ・ウォッシュ・セミハード・ハード・青カビの5つ、3つの場合はそこからさらに、人によって好き嫌いがあるかもしれないウォッシュと、硬いのはとりあえず片方だけの意味でセミハードを除いて、白カビ・ハード・青カビの3つとします。言い換えると、白カビ・ハード・青カビの3つの典型的なチーズで始めて、それらに慣れたところでウォッシュとセミハードに、それにも慣れたところでフレッシュとシェーヴルに手を拡げるのが適切だと思います。そしてひととおり食べたら、それぞれのカテゴリーの中の違う種類のチーズに進むのです。

スタート用に典型的なチーズを、改めて3つずつ挙げておきます。白カビでは、「世界一有名な」カマンベール、「チーズの女王」ブリ、工場生産で広く出回っているカプリス・デ・ディウです。ハードでは、「チーズの（イタリア）王」パルミジャーノ・レッジャーノ、フォンデュ料理でお馴染みのスイスのエメンタール、生産量が多いためどの店にもあるコンテです。青カビでは、「チーズの（フランス）王」ロックフォール、王様は性格が強過ぎると恐れる人向きのフールム・ダンベール、日本でも人気の高いイタリアのゴルゴンゾーラです。ウォッシュでは、最も標準的で親しみやすいポンレヴェーク、「チーズの真珠」モンドール、強い個性を嫌う人が居ようが居るまいがお構いなしにエポワスです。セミハードでは、オランダチーズの60％を占めるゴーダ、世界最大生産量のイギリスのチェダー、嘘かまことか旧約聖

18 チーズをどう買うか

書時代からの歴史を誇るカンタルです。フレッシュでは、サラダによく出るイタリアのモッツァレッラ、戦後に登場して今や世界各地で見受ける胡椒味のブールサン、一般名詞だからどこの国とは限らないフロマージュフレです。シェーヴルでは、真ん中にワラが1本通ったソーセージ型のサント・モール・ド・トゥーレーヌ、ピラミッドの上半分をナポレオンの命令で切り取られたと伝えられる形のヴァランセ、それに何と言ってもセル・スュル・シェールです。

そして「どんな状態のを買うか」です。見分けかたは難しくありません。いや、ごく単純です。見たところおいしそうなのを選ぶ、これに尽きます。『人は見た目が九割』という本がありました。私はその内容を知りませんけど、「食べものは見た目が何より」と思っています。魚や野菜などの材料もそうですし、それを加工した料理も、おいしいかどうか、見ただけでおよその見当がつきますね。張り切っていかにもおいしそうなのは、食べて本当においしいし、ショボッとしてどうもおいしくなさそうなのは、実際にあまりおいしくないのが普通です。前の方で「チーズの顔つき」と言ったのも、その意味からです。と、これだけでは不親切な気がするので、以下に簡単なアドバイスを申し上げましょう。

フレッシュは、何せ新鮮さが命ですから、新しいのが望ましいことになります。チーズで賞味期限が重要なのは、実はフレッシュタイプだけです。チーズは本来的に保存食品であり、時と共に熟成して行くものであり、このタイプ以外のチーズでは、あまり気にする必要はありません。期限切れの方がおいしいものさえあります。フレッシュタイプだけは賞味期限内の、それもなるべく新しいのを選び、開封後は食べ切って、保存しないようにします。

白カビは、表面の全体にカビがホワッとついているのを選びます。熟成は外から中に向かって進行しますから、若いと中心にまだ硬い部分が残っています。これは押してみるとわかります。触って確かめさせてくれる店もあります。レストランでも、プレートに載ったチーズをソッと指で押しているお客を、フランスでは時々見かけます。私は一度、銀座のレストランで何の気なしに押してしまい、「何するんですか！」とギャルソンに怒鳴られた経験があります。まあ、押してもいいか訊く方が無難です。芯があるのは若くてアッサリ、ないのは熟してコッテリ、どちらにするかは好みの問題です。

ウォッシュは、表面が湿っているのと乾いているのと、2種類あります。いずれにせよ皮が硬くなっているのは、特にヒビ割れているのは避けます。中身が乾き気味とか、灰色がかっているとかも避けます。中身が流れるほど柔らかいのは、熟成し過ぎの証拠です。それがたまらないという人もいます。

セミハードは、表面がワックスで覆われているのといないのと、2種類あります。いずれにせよ綺麗なのを選びます。中身は乾いてボソボソしていないことです。

ハードは、基本的にセミハードと同じです。切ってある断面についた結晶みたいなのは、熟成の結果ウマ味がにじみ出た標識と思って下さい。

青カビは、とにかくネットリさが勝負です。乾き気味や水分過剰はいけません。茶色っぽさが現われているのも落第です。

シェーヴルは、表面が自然のままと白カビと黒い炭の粉と、3種類あります。自然のものはベタベタしたり逆にヒビ割れたりしていないこと、白カビのものは茶色がかっていないこと、炭のものはジメジメしていないことです。

19 チーズの適齢期

前にワインの年代の話題で、適齢期などについてお話しました。チーズではどうでしょう。やはり年代や適齢期などが問題になるのでしょうか。今回はそこから始めます。

ワインの味が大きく原料のブドウに規定されるように、チーズの味は大きく原料のミルクに規定されます。ブドウの出来はその土地に適した品種にその年の天候が影響して決まります。ミルクの出来はその土地に適した動物とその餌とで決まりますが、その年の天候の影響を受ける度合は、ブドウの場合に比べてごく僅かです。ですから、チーズにはその年による差はない、と思って差し支えありません。ヴィンテージチーズというものはないのです。

チーズづくりは、ミルクを熱で殺菌し、乳酸菌と酵素で発酵させて固まらせ、切って掻きまわして水分を出し、型に入れて形にし、塩を加えて熟成の環境を整え、そして実際に熟成させる、というのが基本です。このうち塩を加えるまでは、あまり時間がかかりません。どの種類でもせいぜい3日です。その後の熟成には多少の時間がかかります。「熟成」はいろいろなものに関してよく聞く言葉です。意味を国語辞典で引くと、「食品が適当な条件下で一定期間貯蔵され、その間に微生物などの作用で成分が適度に変化し、独特の風味をもつようになること」と出ています。「一定期間貯蔵する」のを「寝かせる」と表現しますね。寝かされている間に微生物が働いて味がよくなること、これが熟成です。チーズの熟成期間は種類によってさまざまですけれども、短くて数日、長くて2年といったところです。そのくらいで熟成するので、何年も経った古いチーズはありません。年代物チーズというものはないのです。

熟成期間はチーズの種類によって異なります。1つ1つの熟成期間を知るなんて、よほどのマニアかプロでない限り、あまり意味がありません。軟らかいものは短く、硬いものほど長い、と覚えておけば十分でしょう。

グジュグジュに軟らかいフレッシュタイプは、そもそも熟成させませんから、熟成期間はゼロです。文字どおり軟らかいソフトタイプは、白カビグループ代表のカマンベールが4週間、ウォッシュグループ代表のポン・レヴェークが6週間です。たいていのシェーヴルはもっと軟らかく、代表のセル・スュル・シェールは3週間です。青カビタイプも大まかにはソフトに含めていいのですがやや硬く、代表のロックフォールは3ヶ月です。硬めのセミハードタイプでは代表のゴーダが1~18ヶ月、ハッキリ硬いハードタイプになると、代表のパルミジャーノ・レッジャーノは1~4年とされています。4年というのは例外的な長さです。

以前はミルクの段階からこの熟成まで、同じ牧

19　チーズの適齢期

場で一貫して行われていました。しかし、かかる時間も仕事の内容も、塩を加えるまでと熟成とではかなり違うため、近年は2つに分けて、熟成だけ別扱いとすることが増えています。熟成を専門に担当する人は熟成士と呼ばれます。その人のやり方でチーズの味にも差が出て来ます。熟成士はチーズを売る人＝店のおばさんやおねえさん、チーズをサービスする人＝レストランの「チーズのソムリエ」とは別の、チーズをつくる人です。熟成させることをフランス語でアフィネと言います。英語のリファイン、ファインにする、洗練する意味です。チーズ（の味）を洗練するとは、なかなか素敵な表現ですね。

このようにして出来上がったチーズが、出荷されて店頭に並ぶわけで、それらはすべておいしく食べられる状態にあります。私たちが目にするチーズは、どれもが適齢期に入っているのです。入っているのはいいとして、出る方はどうなので

しょう。おいしく食べられるのはいつまででしょうか。

私は実はチーズには、新鮮さが重要なフレッシュタイプを除いて、賞味期限はないと言ってよいと思います。確かにお店のパッケージには、きまりがあるため、賞味期限が書いてあります。でもそれはカットして1ヶ月とか、根拠に乏しい「期限」がほとんどです。出荷されたあとでも、チーズは熟成を続けます。熟成の浅いチーズには若いなりのおいしさがあり、熟成の進んだ、それこそ成熟したチーズにはまたそれなりの魅力があります。要は食べる人の好みの問題です。「それなりのよさ」が時間軸の上でいろいろに分散しているのが、ワインとは違うところです。もちろんどのチーズにも、こうなってはもうダメだという限界はあります。それは見ればわかります。「さァ食べてくれ」という感じがないのです。それにパッケージの賞味期限は、ダメになるより遥か手前に設定されています。つまり、売っているチーズは全部が適齢期内なのです。

適齢期に関連することとして、シーズンがあります。多くのチーズは年中無休というか、1年を通してつくられていますし、初めのうちはシーズンなどあまり気にする必要はないでしょう。しかし、季節が限られるチーズもあり、通年生産でも季節によって味わいに差が生じるチーズもあります。ここではそれぞれの季節に向くタイプをご紹介しておきます。基本になるのは、動物たちの餌である草がおいしい時期プラス熟成の期間です。高原の草がノビノビするのは夏、まあ6月から9月です。平原や南の地方ならそれより前の、3月から5月に始まります。それに何週間とか何ヶ月とかの熟成期間を足したのが、そのチーズのシーズンということになります。

春は一言でシェーヴルの季節です。山羊は主に南部で飼われており、南部では早くに草がおいしくなり、熟成期間も2～3週間です。個々のチーズ名は挙げるまでもありませんね。シェーヴルには春の季節感があります。ソフトタイプの白カビグループもこの季節がシュンです。白カビグループは平地でつくられるのが普通であり、熟成期間も1～2ヶ月です。あ、時々「旬」と「走り」が混同されます。辞典には旬は「もっとも味のよい時期」、走りは「季節のはじめに出る魚・野菜・果物など」と出ています。

夏はフレッシュタイプがふさわしいですね。爽やかさが季節にピッタリです。熟成期間がゼロのため、夏草の時期がそのままフレッシュチーズの時期です。ソフトタイプのウォッシュグループが、早くも夏のうちにシーズンを迎えます。エポワスやリヴァロなど、秋にかけてのものもあります。

その秋には、高地のミルクを2～3ヶ月熟成させたセミハードタイプが登場します。青カビタイプには、夏からのフールム・ダンベールも、むしろ冬に近いロックフォールもありますが、平均点で秋に含めましょう。

冬は何と言ってもハードタイプです。3～6ヶ月間熟成させた各種の硬いチーズが人気を集めます。忘れたくないのが、ウォッシュグループ員のモン・ドールです。8月15日から3月15日までと製造期間が定められているチーズで、トロリとした中身をスプーンですくって食べるモン・ドールは、寒い季節の風物詩です。

20 ワインの「高級」って？

最近はシャンパンも広く飲まれるようになっていて、近所のスーパーにも何種類か、必ず置いてあります。まことに結構なことです。安くても3000円台の後半と、値段はやや張るものの、味といい雰囲気といい、それだけで小さなお祭りになるようで、私はシャンパンが大好きです。

ところで、大抵のシャンパンのボトルに、年代が書いてないのにお気づきでしょうか。ワインのラベルには、必ず書かなければいけない「義務事項」と、書いても書かなくてもいい「任意事項」とがあり、年代（ヴィンテージ）は任意事項とされていますが、高級ワインはもちろん、大衆的ワインでも、年代は書いてあるのが一般的です。どうしてシャンパンだけ、年代を書かないのでしょう。

それは、いろいろな年に収穫されたブドウのジュースを、混ぜて造るからです。通常のワインは、ある年のブドウだけで造るので、その年のワ

20 ワインの「高級」って？

インと名乗ります。しかしシャンパンは、この年とあの年、場合によっては更に別の年のブドウを入れて造るため、どの年のシャンパンと決められないのです。なぜいろいろな年のブドウを混ぜるかと言えば、シャンパンの生産地であるシャンパーニュ地方がブドウ生育の北限に近く、年によってブドウの出来にバラつきが大きいからです。上出来の年はいいとして、下出来？の年は、量はともあれ質が問題です。そこでいろいろな年のを混ぜて、ならして品質を維持しているわけです。これが普通クラスのシャンパンであり、普通クラスのシャンパンには年代がありません。

では「下出来」の年のを混ぜないで、上出来の年のブドウだけで造ったらどうなるか。当然おいしくなります。それがいわゆるヴィンテージシャンパンです。年代入り、ですね。使うのはその年のブドウだけなので、その年のシャンパンと名乗れます。「下出来」の年のブドウだけで造ってその年を名乗ることは考えられませんから、年代が書いてある＝ヴィンテージシャンパンは、書いてない＝普通クラスのシャンパンより上等であり、値段もガクンと高くなります。

ヴィンテージシャンパンの他に、プレステージシャンパンというのがあります。これはコストもテマヒマもかかった最高級品のことで、それぞれのメーカーの看板商品です。略して「ドンペリ」と日本で呼ばれる「ドン・ペリニョン」は、モエ・エ・シャンドン社のプレステージシャンパンです。ポル・ロジェ社は「サー・ウィンストン・チャーチル」、テタンジェ社は「コント・ド・シャンパーニュ」、ポムリー社は「ルイーズ・ポムリー」……各社がネーミングにも凝っています。

わたしはシャンパンが好きで、プレステージシャンパンでなくても、ヴィンテージシャンパンでなくても、A社のでなくてもB社のでなくても、シャンパンでありさえすれば幸せなクチです。シャンパンが好きと言うと、「どのシャンパンが」とすぐに訊かれます。「やっぱりシャンパンはルイ・レードレール社のクリスタル・ブリュット、それも１９９８年に限りますなあ、ハッハッハ」みたいな答を期待されているらしいのに、「いやもう、シャンパンなら何でも」などと返事してしまい、「こいつは単にシャンパンが好きなだけで、実は何も知らないんじゃないか」と思われるようです。そう思われても本望です。似たようなことを、ウィスキー好きの先輩が言っていました。「先輩、先輩はウィスキーがお好きですけど、どんなウィスキーが一番好きなんですか」と質問した時の答が、「ナニ、僕はウィスキーであれば何でもいいんだ。ただ、氷だけは入れないでくれ」でした。本当にウィスキーが好きなんですね。

20 ワインの「高級」って？

閑話休題。シャンパンはそのように、年代が書いてない、つまり時間的に限定されていないものより、年代が書いてある、つまり時間的に限定されているものの方が高級とされます。同様なことがワイン全般について、産地に関して当てはまります。産地も限定されればされるほど高級とされ、値段も高いのです。

最も広い産地の示し方は国の名前です。「フランスワイン」とのみ書いてあるのは、とにかくフランス産なのであって、原料のブドウはフランス国内のどこのでもいい、造る場所も国内のどこでもいい、大衆的なワインです。

産地の示し方として次に広いのは、地方の名前です。フランスならボルドーとかブルゴーニュとかロワールとかがそれです。「フランスワイン」では、どんな味かほとんど想像がつきませんが、「ボルドー」や「ブルゴーニュ」なら、まあこんな感じだろうとイメージが湧きます。ボルドーをワイン名にしてあるものはボルドー地方のワインなのであって、他の地方のブドウは使っていない、中級のワインです。少し限定されるんですね。しかし、ボルドー地方であればその中のどの地区であるかは問わないわけであり、限定の程度はまだまだです。

たとえばボルドー地方には、メドック、グラーヴ、ポムロールなどの地区があります。産地が地区まで示されると、限定の程度は高まります。「メドック」という名前のワインはメドック地区のブドウだけで造るのであり、他の地区のブドウは使ってない、やや高級品です。味わいも全体的なボルドーっぽさの上に、メドックらしさが窺えます。「ぽさ」と「らしさ」はどう違う、なんて詰めないで下さい。感じです、感じ。限定の程度は高まりましたけれども、まだ地区までであって、その地区内のブドウを混ぜて構いません。

各地区の中にはいくつもの村があります。オー・メドック地区なら、サン・テステーフ、ポーイヤック、マルゴーといった具合です。ラベルにどーんと「マルゴー」と書いてあるのは、マルゴー村のブドウで造られた、かなり高級なワインということになります。村名を名乗るワインにはその村特有のニュアンスがある、と言っておきましょうか。要するにだんだん絞られて、微妙な違いになって行きます。

そして最後に、醸造所の名前です。ボルドー地方では醸造所をシャトーと呼びます。シャトーは「城館」と訳されたりしますが、日本語の「城」よりは「お屋敷」に近い言葉です。醸造所の建物は民家より大きく、立派に見えるところから、そのように呼ばれるのでしょう。シャトーの数はボルドー地方全体で7000を超えるそうで、マルゴー村にもパルメール、ラスコンブ、マルキ・ド・テルムなどいろいろあります。そのうち何と言っても知名度抜群なのは、村の名そのままのシャトー・マルゴーです。村名ワイン「マルゴー」と醸造所名ワイン「シャトー・マルゴー」とを混同しないようにしましょう。シャトー何々と名前がついたワインは、そのシャトーの畑で出来るブドウを使ってそのシャトーで造るのが建前で、最も限定度が高いものです。

ワインはこのように、示された産地の範囲が広い、つまり空間の限定がユルイものより、示された産地の範囲が狭い、つまり空間の限定がキツイものの方が高級とされるのです。

21 ボトルと栓

今回はワインのいれものの話をします。ワインのいれものは昔々は壷だったとか、今ではプラスチックや紙パックもあるぞとかはともあれ、壜の話、ガラスのボトルの話です。ボトルが使われ始めたのは17世紀の初め、日本では江戸幕府が開かれて間もない頃に当たります。当初は厚手で形もバラバラ、運ぶのにもまことに不便でした。途中で割れてしまうのを防ぐため、ワラで包みました。キアンティワインの下ぶくれのボトルが、ワラで包まれているのを見かけますね。何かオシャレな飾りみたいな気がするあれは、割れるの防止の名残りです。スーパーで何本かワインを買った時、ぶつかり合って割れないように、ボトルの胴に網状の発泡スチロールを巻いてくれるのと同じです。

その後ボトル製造法が発達し、丈夫になり薄手になり、形も洗練されて行きました。形には地方によって特色があります。「これがワインボトルだ」という感じの、怒り肩から下へ真っ直ぐなのがボルドー、これに対し撫で肩でふっくらしたのがブルゴーニュです。シャンパンはブルゴーニュが更にずんぐりした形で、中のガスの圧力に耐える必要上、幾分厚ぼったい作りです。ロワールとローヌではブルゴーニュ型を中心に、他のバリエーションもあります。ブルゴーニュを逆にスリムにしたのがアルザス、コカコーラのボトル的に真ん中が膨らんでくねくねしたのがプロヴァンスです。キアンティを壁に押しつけて潰したみたいな、下ぶくれ部分が平たいドイツのフランケンもあります。懐かしいポルトガルのマテウス・ロゼがこの形ですね。

形はいろいろでも、容量は概ね750ccに統一されています。これがフルボトルで、その半分の375cc入りの小壜がハーフボトルです。ハーフはフランス語でドゥミと言い、ワインリストではDと印がついていることがあります。えらく安いなと喜んで注文したらハーフだった、という話を時々聞きます。ついでながら、コーヒーに使うデミタスは、正しくはドゥミタスです。タスは把手つきの茶碗の意味のフランス語、ドゥミタスは半量カップのことです。ハーフの更に半分、180cc入りのクオーターボトルもあります。フランス流の算術では、375割る2は180になるようです。180ccは1合ですね。だからハーフボトルは2合壜、フルボトルは4合壜に当たります。酒量が気になるかたは、アルコール度（ワインは12度前後、日本酒は約16度）と考えあわせて、飲む量を加減して下さい。

反対に、フルボトルの倍の1500cc入り大壜がマグナムです。大壜があるのはワインではシャンパンとボルドーだけらしく、ブルゴーニュやその他のワインでマグナムは聞きません。ブランデーやミネラルウォーターでは見聞きしたことがあります。4倍壜以上になると、シャンパンとボルドーとで呼び方が違います。滅多にお目にかからないし、まず買う機会もないのですが、豆知識としてシャンパンの分だけご紹介しましょう。4倍壜がジェロボアム（紀元前のイスラエル王）、

6倍壜がレオボアム（ソロモンの子）、8倍壜がマチュザレム（箱舟で有名なノアの祖父）、12倍壜がサルマナザール（アッシリア王）、16倍壜がバルタザール（東方三博士の一人）、20倍壜がナビュコドノゾール（新バビロニア王ネブカドネザル）です。750ccの20倍は15リットルです。15リットル入りの巨大ボトルからシャンパンを……何人で飲むのでしょうか。

マグナムにはワインリストでMと印がついていることがあります。えらく高いなと喜んで注文する人はいないでしょうから、Dと違ってMの方は見過しても安全です。とは言え私には、「えらく高いなと喜んで注文」して失敗した憶い出があります。アメリカに住み始めた頃、どこに行ってもおいしい料理に出会わなくて困りました。ちゃんとしたレストランでは、さすがにまずくはないのですけど、積極的においしいとは感じないのです。そんな中である店のメニューに、1つだけ突出して高い値段の料理を見つけました。「うん、

他の料理の倍ぐらいだから、きっとうまいに違いない！」と、勢いこんでそれを頼みました。期待していたところに運ばれて来たのは二人前の肉料理で、単に量が2倍で質は相変わらずであり、ガックリしました。高い値段にだけ目が行って、M印ならぬ「二人前」の文字を見逃していたのです。ワインリストもメニューも、しっかり読む必要があります。

ボトルの次は栓の話です。昔はボトルの栓は木でした。木では十分に密閉できないので、油を含ませた布をその木に巻いて、ぐっと押し込んでいました。よくワインをあけて、初めにちょっと主人用のグラスに注ぎますね。栓を抜いた時のコルクかすをお客のグラスに入れないため、とされますが、もともとはこの布からワインに染み出た油を入れないためだった、と言われています。コルクはギュッと圧縮できるし、樹脂のおかげで液体が浸透しにくいし、優れた栓として広まりました。

いま使われているコルク栓には、実は三種類あります。一つ目は本当のコルクそのもの、言わば天然コルク栓、二つ目はコルク屑を集めて成型した、言わば合成コルク栓、三つ目はその上下両端に本物のコルクを張りつけた、言わば張合わせコルク栓です。もちろん天然コルク栓が最も高級で、それに見合うクラスのワインに使われます。今度コルク栓を抜いた時、しげしげ見てみると面白いと思います。

よくソムリエが、抜いたコルク栓を鼻に近づけて嗅いでいるのを目にしますね。コルクに含まれる物質がカビと一緒になって、生ゴミみたいな匂いを発生させることがあり、その匂いがワインに移ると、せっかくのワインが台なしになってしまいます。ソムリエはコルク栓を嗅いで、その状態でないか確かめているのです。大丈夫と判断したソムリエが、お客の手許にそのコルク栓を置く。するとお客が取り上げて自分も嗅いでみる、んですが、私はそれをあまりお勧めしません。美しい動作と思えないのです。男ならまだしも、ご婦人はなさらない方がいいでしょう。ワインが台なしになっているかどうかは、飲めばわかることです。飲んでわからないなら、仮にコルク栓が多少おかしくても、差支えないはずです。要するにムダなアクションであり、ムダなアクションで美しくない印象を与えては損です。

近年登場した合成樹脂やガラスの栓には、ブーショネと呼ばれるそうした「コルク臭」のおそれはありません。スクリューキャップも同様です。スクリューキャップは安くて密閉性も完璧、機能的には極めて優秀な栓です。立てたままのボトルでコルク栓が乾くという心配もありません。あ、密閉と言えば、ボトルのワインはコルクを通して呼吸し、それによっておいしく熟成するというのは誤解です。コルク栓でもボトルの口は鉛などのキャップシールでカバーされており、ワインは呼吸していません。ボトル内で進むのは、外の空気なしでの熟成です。従って、スクリューキャップはこの点でも問題ありません。ニュージーランドでは既にほとんどがスクリューキャップになっていますし、フランスのＡＯＣクラスにも採用が広まりつつあります。

では、ここにコルク栓のボトルとスクリューキャップのボトルがある、中身に差はない、お前はどちらが欲しい、と訊かれたらどう答えるか。私はためらわず、コルク栓の方を選びます。抜くのが多少面倒でも、コストがほんの少し高くても、コルク臭のおそれがゼロでなくても、私は昔ながらのコルク栓が好きです。ワインは気分なのです。私のような絶滅危惧種が生存している間は、コルクの栓が姿を消すことはないんじゃないでしょうか。

22 ワインのグラス、グラスのワイン

前項でワインのボトルのお話をしましたので、今回はワインのグラスのお話をしましょう。昔々は木製、金属製、陶製などの容器で飲んでいましたが、技術が発達して、その後ガラス製が普及するようになりました。初めの頃のグラスは色つきが多く、それはワインが濁っているのを目立たせないためだったと言われます。今ではワインはすべて清酒?であり、むしろその美しい色をよく見せるためにグラスは透明が主流で、色がついている方が例外的です。

ワインはアルコール度からして、一口にある程度の量を飲みますから、あまり小さいグラスは適しません。時たま見かけるバカでかいグラスも、実際には使われません。グラスのサイズは、私たちが日頃目にするあのくらいのところに落ち着いています。一般に赤ワイン用の方が白ワイン用よりも大きく、レストランの卓上などでグラスがいくつも並ぶ時は、一番大きいのが水、次に大きいのが赤、一番小さいのが白、ということになります。

22 ワインのグラス、グラスのワイン

グラスの形はさまざまで、地方によっても特色があります。「これがワイングラスだ」といった感じの、ワイングラスと聞いて誰もが思い浮かべる形のが、ボルドーの赤用です。ボウル（脚と底面とを除いた、グラスの本体部分）の真ん中よりちょっと上が膨らんでいて、チューリップと呼ばれます。ブルゴーニュの赤用は、ウェストがいくぶん締まって下半身に膨らみがあります。それが極端になったヒョータン型は、プロヴァンスに用いられます。ボウルが浅く、その分だけ脚の長いのが、アルザスの白用です。他にも朝顔型とか風船型とか円筒型とかいろいろあり、たとえば同じくロワールでもシノンとアンジューとブルグイユとでは少しずつ違うなどとされますけど、グラスの形をそれほど気にする必要はありません。ボルドー型一つを何にでも、気楽に使えばいいと思います。ちなみに、国際的に認められているテイスティンググラスは、ボルドー型をやや下膨れにしたような形です。香りを中に溜めやすいんでしょうね。

あ、シャンパン用がありました。結婚披露宴やパーティで出される平たいグラスは、クープと呼ばれます。英語のカップに当たる言葉です。あれは量が入らないし、開口部が広くて香りがすぐ逃げるし、人気がありません。普通はボルドー型を思い切りスリムにした感じの、縦長グラスを使います。その細身が楽器に似ているのでフリュート、英語ならフルートと呼ばれます。確かにこの方が量も入るし、開口部が狭くて香りも逃げにくいし、何よりも泡が長身に沿って上がって行くのが楽しめるし、シャンパンには好適です。ボルドー型一つを何にでも、とは言いましたが、シャンパン用にフリュートだけは別に備えておくのをお勧めします。

色と大きさと形は以上のようだとして、ではそのグラスの中に、ワインはどのくらいの量を入れ

るものでしょうか。ビールみたいにギリギリ一杯まで入れているのは、見たことがないですね。八分目までなみなみと、にもお目にかかりません。ワインは通常、標準的サイズ（つまり約200cc入り）のグラスに、赤なら半分、白なら三分の一ほどを入れます。多過ぎてはなかなか飲み切らず、ずっとテーブルに置かれることになり、空気にさらされる時間が長く、温度も変わってきます。第一、あまり優雅に映りません。少な過ぎると、ほとんど一口ごとにグラスがカラになって、その都度注がなければならず、忙しくて仕方ありません。半分か三分の一あたりがいいセンです。白の方が少ないのは、白はよく冷やしてあるのが原則で、長くそのままにしてあると温まってしまうからです。グラスにまだワインが残っているところへ注ぎ足すのはどうなんですか、と時々訊かれますが、これは全くかまいません。私はむしろ、完全になくなるより前に注ぎ足してもらう方が、豊かな感じというか安心というか、好ましい

22 ワインのグラス、グラスのワイン

と思います。

レストランで出される「グラスワイン」は、どのくらいの量なのでしょうか。割とタップリの店もあるし、「え、これだけ?」と哀しくなる店もあります。中にはわざと小さめのグラスを置いておき、そこへかなり上まで入れて、タップリ感をウリにする店もあります。お客としては、出された量が「その店のグラス一杯」なのだと、そのまま受け取るしかないのが実情です。それでも、まあこの程度という常識的なレベルがあり、その目安が「ワンボトル7杯」です。ボトル1本は750ccですね。そこから7杯とるのなら、ワングラスは100ccちょっとです。100ccちょっとは、先ほどの「約200cc入りグラスの半分」に合致します。正確さを期して、「グラスワイン(90㎖)」などと、数値を書き込んでいる店もあります。(90㎖は「ワンボトル8杯」の勘定で、1杯いくらとして出すには、やや少ない気がします)

いまccと㎖とが出てきました。ccは1立方センチ、㎖は千分の一リットル、ccも㎖も同じ量です。ボトルに75clと表示してあるあのclは、百分の一リットルの意味です。

以前はレストランでワインを飲むには、ワインリストからボトルを選ぶほかありませんでした。グラスワインというものが始まった頃は、大抵のレストランで赤白1種類だけ、それも低グレードのものをワインリストの外扱いで出していました。最近ではどの店も赤白何種類かずつ、グレードも低くないものを用意しています。グラスワイン用のミニリストを作ったり、ワインリスト本体にグラスワインのページを設けたりしている店もあります。今日食べた近所の店も、白でアルザス840円、グラーヴ1050円、サントーバン1260円、赤でポルトガルもの840円、ピノ

ノワール1050円、サンジュリアン1260円と、種類とグレードにバラエティを持たせたミニリストを提示していました。周囲を見回すと、ボトルを注文する人よりグラスを頼む人の方が多いくらいで、グラスワインはかつての日陰者的存在から、一人前と認知された段階を通り越して、今ではレストランの主流にまで成長した観があります。

グラスワインがウケる理由は、少ししか飲まなくても差し支えないことです。ボトルまでは無理でもグラスなら、飲める分だけ頼めばいいわけです。そして種類がいくつかあるため、飲み比べて楽しめることです。ワイン相互の違いも、料理との相性の違いも楽しめます。ワインの勉強にも便利です。一方で欠点もあります。選べるといっても選択の幅が、店側が決めた何種類かに限定されることです。もうひとつは、やはりいくぶん割高なことです。1本のボトルを言わばコマ切れにする以上、止むを得ないところでしょう。またひとつは、お代わりする度にいちいち頼むのが面倒なことです。サービスが行き届かない店では、ワイン不在の状態が生じたりもします。

私にとっての重大な欠点は、取っ替え引っ替え何杯も飲むうちに、どれだけ飲んだかわからなくなることです。ボトルならハッキリした区切りになりますが、グラスだとそれが曖昧になり、結果としていつの間にか飲み過ぎてしまう、私にはそれがグラスワインの、どうにも困る点なのです。

23 目・鼻・口・頭でワインテイスティング

このワインはこないだのあのワインと違ってこうだなあ、と考えるのも楽しいですが、いくつかのワインを同時に並べて比べてみるのも面白いものです。同好の仲間を集めて何人かであああだこうだと喋り、その後に食べものを出せば、ちょっと変わったパーティにもなります。今回はワインテイスティングのお話です。テイスト＝味わうことであって、テスト＝試すことではありません。テスティングでなくテイスティングです。

普通のワイン好きが楽しみでするのですから、つまりプロが仕事でするのではないですから、モノの本に書いてあるように、たとえば午前中に、北側に窓のある部屋で、香水は身につけず、整髪料に気はつけてなどと、神経質になることはありません。それでも、よりよいテイスティングをするには、いくらか準備をする必要があります。

まず、当日のコンディションです。風邪や二日酔いは論外として、おなかペコペコや喉カラカラは、よいコンディションではありません。味わうのにバイアスがかかります。かと言って、直前に何か食べたり飲んだりするのも、やめた方がいいでしょう。影響が残ります。

場所は室内ならどこでも可です。「自然光、または通常の電球の光で」なども、気にしないことです。蛍光灯やLEDでも、私たちには大差ありません。しかしテーブルには、白いクロスをかけるか、大判の白い紙を敷くかして下さい。ワインの色を見るバックスクリーンです。色物のクロスや茶色のテーブルむき出しでは、ワインの色がよくわかりません。

栓抜きは出来るだけシンプルで頑丈なものがいいと思います。酒屋さんがタダでくれるペコペコのスクリューは使うのが大変ですし、反対に素晴らしい仕掛けの複雑なオープナーも、往々にしてかえって使いにくいものです。ナイフとスクリューと片側のテコが一体となった、ソムリエ用と呼ばれる栓抜きが、最も使い勝手がいいようです。慣れるとこんなに使いやすい栓抜きはありません。道具はやはり、シンプルで丈夫が一番です。

グラスは前にお話した、ごく一般的な無色のボルドー型で十分です。何種類かのワインをテイスティングするのに、その数のグラスを人数分揃えるのが難しければ、1人1個ずつマイグラスを割り当て、それ1つをすべての種類に使ってかまいません。別のワインに使う前に、ティッシュで拭うのです。水で洗う場合は、その水をしっかり拭い取らなければいけません。洗ったままでは、次のワインが水っぽくなります。

テイスティングではワインを飲み込まず、ペッと吐き出すとされていますね。一口ずつ何種類も本当に飲んでいたら酔っ払ってしまい、何が何だかわからなくなるからです。その吐き出し用のバケツも要ります。ご婦人がその上でペッとやるのが優雅でないと思ったら、紙コップを1個ずつ配って、その中にペッとしてもらい、改めて紙コップからバケツにソッと捨てると、優雅さが損なわれません。

一つのワインから次のワインに移る時のための、水とコップも用意します。水だけではどうもであれば、パンを出します。フランスパンのバゲットの輪切りが向いてますけど、食パンの耳沿いの部分でも結構です。軟らかい内側のネチャネチャ感より、硬い外側のゴワゴワ感が、口先を変えるのには適します。チーズはやめておきましょう。味も匂いも強いので、口先を変えるも何も、口先を麻痺させる事態になりかねません。

ワインそのものは、1回目は赤白2種類ずつ程度がいいと思います。あまり多くては混乱します。初めはやはり葡萄品種を基準に、白ならソーヴィニョン・ブランとシャルドネ、赤ならピノ・ノワールとカベルネ・ソーヴィニョンといった具合に、出来るだけ対照がハッキリしたメジャー品種のワインを選ぶのが適当でしょう。当面それで何回かやって、そのうち味わいが近い品種やマイナーな品種にするとか、ボルドーとブルゴーニュやフランスとイタリアみたいに産地を基準に分け

るとか、さらには同じワインの年違いを比べるとか、同じ年の同じワインで別の造り手のを選ぶとか、進んで行くわけです。

準備はそのくらいにして、実際のテイスティングです。複数のワインをテイスティングする順番は、複数のワインを食事で飲む時と同じ原則によります。その原則は、一口に「軽から重へ」です。ワインに限らず食べものでも、その他何でも、賞味する時は当然ですね。初めに重いもの強いものを味わってしまっては、刺激が大きくて、その後で刺激の小さい、軽いもの弱いものを味わっても、微妙なところが感じられなくなります。

したがって、赤と白をテイスティングするなら、白が先で赤が後です。白の方が概して赤より軽いからです。違う種類の白なら、軽い白が先で重い白が後です。赤も同様です。同じほどの軽さのワイン同士なら、グレードの低いのが先で高いのが後です。高級なのを先に味わうと、後のが実際以上にまずく感じられます。種類が同じで年が違うなら、若いのが先で古いのが後です。古いものは若いものより熟成して味が豊かになっているのが普通だからです。

グラスには四分の一か、多くても三分の一くらいまでワインを注ぎます。それより多ければ香りが立ちにくいし、グラスを揺らしたらこぼれてしまいます。少なければタップリ味わえません。テイスティングで私たちは、四つの器官を動員します。

一つは目です。白いクロスか紙かを背景に、色合いはどんな調子か、濃いか薄いか、澄んでいるか濁っているかを見ることになっていますが、大切なのは感じがいいか、おいしそうかどうかです。グラスを揺らして上の方までワインを触れさせると、その落ちる速さで粘り気が測れます。グラスの内壁を伝い落ちるこのワインの薄膜を、ワインの涙と呼びます。

二つは鼻です。香りを嗅ぐのですけれども、注

23 目・鼻・口・頭でワインテイスティング

意するのは、人間の嗅覚はアッという間に鈍化するので、最初が肝心というか、第一印象が決定的だという点です。二度目に嗅ぐ時には、私たちの鼻はもうかなりバカになっています。「ワインには、果物本来の香りと熟成による香りとの、二種類の香りがある」などはさておき、ここでも大切なのは感じがいいか、おいしそうかどうかです。香りを立てるためにグラスを回すのは、テイスティングの時だけにしましょう。レストランで、特にご婦人がグラスを回すのは、美しい光景ではありません。

三つは口です。口に含んで噛むように味わい、鼻から息を吐きます。ここでも大切なのは感じがいいか、おいしそうかどうかです。ペッをやってからの後味も重要です。しかし本当の後味は、飲み下して初めて十分に感じられる気がします。アルザス地方の三ツ星レストランのシェフソムリエが、「ゴクンと飲んだ瞬間に全身で味わうのだ」と言っていました。私は彼に完全同意でして、そのとおりいつもペッをやらずに飲んでしまい、ために何杯かゴクンと全身で味わった後には、もうテイスティングなどどうでもいいような気持ちになり、困ります。

四つは頭です。頭では感じるのではなく、いま目と鼻と口とで感じたワインはどのようだったか、これまでに飲んだワインたちに比べてどんな特徴があるか、それを総合的に考えるのです。ここでも大切なのは感じがいいか、おいしそうか（おいしかったか！）どうかです。そしてその内容をメモします。私たちの記憶は、放っておけばすぐに薄れます。書くと記録としても残りますが、記憶もそれによって強化されます。記憶が積み重なったところに、「ワイン通」が出現します。

素敵なワインテイスティングを、どうぞぜひお楽しみ下さい。

24 ワインとチーズのマリアージュ

チーズとくればワイン、ワインとくればチーズがすぐに思い浮かびます。この二つはセットみたいに受け取られているようです。では、どんなチーズにどんなワインが合うのでしょうか。今回はチーズとワインの組合せのお話をします。

モノの本には、「サン・ネクテール」にはサン・テステーフ（ボルドー）」とか、「サン・マルスランにはジゴンダス（ローヌ）」とか書いてあります。しかしこれでは何か、そのチーズにはそのワインしか合わない感じですし、すべてのチーズについて、それに合うとされるワインを一つ一つ覚えなければいけない気がしてしまいます。そんな面倒な、カッタルイことだったら、組合せなんか考えたくなくなります。

料理とワインもそうですが、チーズとワインも、組合せはもっとよほどいい加減に、と言って悪ければ緩やかに、気楽に考えるべきものです。「これに限る」ではなく、「まあ大体このあたり、あとは好みの問題」くらいのところです。「大体このあたり」のための原則を念頭に自分で試して

24 ワインとチーズのマリアージュ

みて、あまり窮屈でない「マイ組合せ」を作るのが一番です。やっていくうちに新しい発見をしたら、そのつど「マイ組合せ」を改訂するのです。

「組合せ」はフランス語でマリアージュ、結婚ですね。英語ではその直訳のマリッジより、ペアリングと言うのが一般的です。結婚するにせよペアになるにせよ、要するに相手を見つけることです。私は、チーズとワインの組合せの原則は、仕事を一緒にする相手との組合せの原則に似ているのではないか、と思っています。

一つ目の原則は、「赤より白」です。多くのチーズに、赤ワインより白ワインの方が無難です。どういう味のチーズかよくわからない時、どういうワインを合わせたらいいか判断できない時は、とりあえず白にしておく方が失敗が少ないのです。仕事の内容がよくわからない時、誰が向いているか判断できない時に、とりあえず常識ある礼儀正しい人を選んでおく方が快適にやれるのと似ています、かね。（別に赤ワインが非常識で礼儀に欠けると言っているのではありません。私の経験では白の打率が遥かに高いということです）

二つ目の原則は、「同方向の味」です。酸味のあるチーズには酸味のあるワインがよく合いますね、あれです。酸味に限らず、味の方向が同じであるとギクシャクしません。気が合う人と組むと仕事がスムーズに運ぶ、のと似ています。「チーズと同じ産地のワインが合う」というのも、この一種でしょう。同じ文化で育った、気風が共通する相手なのです。

三つ目の原則は、「逆方向の味」です。二つ目と正反対のようですけれども、こちらはコントラストに重点を置くものです。つまり、対照的な味を組み合わせて、新たなおいしさを作り出すわけです。塩味の強いチーズに甘味あるワインを合わせるのはこれです。仕事も得意分野の違う人同士の方が成果は大きくなる、のに似ています。気が合っていながら得意分野が違うペアを目にするのは、稀ではありません。

四つ目の原則は、「個性のバランス」です。個性が強いチーズには個性が強いワイン、個性が弱いチーズには個性が弱いワインが合います。「脂肪分の多いチーズには渋味あるワインが合う」というのはこれです。優しいチーズに腕力自慢のワインでは、チーズが立合いで吹っ飛ばされて、おいしさが感じられません。猪突型のチーズを蒲《ほ》柳《りゅう》の質のワインは支え切れず、薙ぎ倒されてしまいます。仕事も続けて行くためには個性の強度が同レベルの人を組み合わせるのが大切、なのに似ています。

五つ目の原則は、「熟成のバランス」です。熟成が浅いチーズに古めのワインを宛てても、熟成が進んだチーズに若めのワインを宛てても、どうもシックリ来ません。若々しいチーズに爽やかなワイン、しっかり仕上がったチーズに落ち着いたワインだと、見違えるくらいに双方がおいしさを発揮します。人間も若者は若者同士、年配者は年配者同士の方が、居心地がいいし、話も弾みま

す。トシの差と言うか、熟成度の違いは小さい方が安全です。

以上が「大体このあたり」の「マイ組合せ」を作るための原則です。以下で各タイプの代表的なチーズに合うワインを考えてみましょう。

フレッシュタイプはフロマージュブランにします。これは砂糖やジャムで味つけして食べることが多いので、そこから甘口の軽い白ワインになります。

ソフトタイプの白カビグループはカマンベールにします。通常言われるのはミディアムボディの赤、コクのある辛口の白、シードルです。シードルは二つ目の原則の「同郷」です。私はコクのある辛口の白に賛成です。シードルももちろん悪くありません。

ソフトタイプのウォッシュグループはポンレヴェークにします。定番はフルボディの赤、シェリー、カルヴァドスです。カルヴァドスは「同郷」です。フルボディの赤も結構ですけど、私はボディがしっかりした白もいいと思います。どうも私は、どちらかと言えば白派のようです。

セミハードタイプはカンタルにします。これはもう、ドッシリした赤ということになっています。さすがの私も、ここで白とは申しません。コート・デュ・ローヌや、何ならフランス南西地方のカオールでもお勧めします。

ハードタイプはコンテにします。軽い赤、辛口の白、それにヴァン・ジョーヌと言う人もいます。これは「同郷」です。辛口の白にもヴァン・ジョーヌにも異議ナシですが、白派にしては珍しく、私は軽めの赤を合わせるのが好きです。

青カビタイプはロックフォールにします。これには必ずフルボディの赤と甘口の白、特にソーテルヌが挙げられます。ボルドー地方のソーテルヌがあれば言うことなし、なければ甘口の白なら何でも、というのが私の考えです。

シェーヴルはセル・スュル・シェールにします。これとの組合せとしていつも出てくるのは、辛口の白とフルーティな赤で、大抵そのあとに、たとえばサンセールとシノンと続きます。いずれも「同郷」です。まあ同郷のロワール地方の白なら、どれでも文句のないところです。

それぞれのチーズについての「マイ組合せ」は出来たとしても、チーズを一つだけ食べるとは限りません。いや、ほとんどの場合、何種類かのチーズを同時に食べるのが普通です。いくつものチーズを食べる際に、ワインはどうしたらいいでしょう。対処法は二つあります。

一つは重点法と言うか、主役のチーズを決めてそれに合うワインを選び、脇役である他のチーズにはそれで我慢してもらう方法です。カマンベールとカンタルとセル・スュル・シェールを食べるのに、セル・スュル・シェールとの幸せだけに焦点を絞って辛口の白にして、カマンベールもカンタルもそのワインでそれなりに食べるわけです。

もう一つは平均点法と言うか、主役脇役の区別をつけず、最小公倍数的にどのチーズにもダメではないワインを選ぶ方法です。同じくカマンベールとカンタルとセル・スュル・シェールなら、中くらいの重さの赤にして、一つ一つのチーズとの間にそこそこの幸せを求めるわけです。

25 コース料理とアラカルト

これまでワインとチーズを中心にあれこれお話してきましたが、このあたりで少し枠を広げて、飲んだり食べたりに関するお話を続けることにしましょう。初めの話題はメニューです。メニューは今ではすっかり、日本語として定着していますトレーニングのメニューとか、エンタテインメントのメニューとか、飲食と関係ない場でも使われています。献立やお品書といった本来の日本語は、よほどクラシックな和食屋さんでしか見かけません。

日本語のメニューは、英語のMENUのカタカナ書きです。英語のMENUは、フランス語をそのまま取り入れた単語です。フランス語ではムニュと発音します。そしてフランス語のムニュには、「(その場で選ぶ) 料理の一覧表」の他に、「(予め組んである) コース料理」の意味がありますす。定食セットですね。むしろこちらの意味で用いられることが多い気がします。フランス語だけでなく、イタリア語でも事情は同じです。ドイツ語ではもっとハッキリしていて、「メニュー」は定食を指し、献立表は別の言葉です。学生食堂や社員食堂によくあるA定食B定食は、フランス語ではムニュAムニュBになります。フランスのレストランのメニューには、単品の料理と並んで、セットになった定食がムニュとして載っています。だからテーブルに着いて「メニューを下さい」と頼むと、「ハイハイ」とコース料理が運ばれて来るおそれもあるわけです。

コース料理と聞いてすぐに思い浮かぶのは「フルコース」でしょう。どうもこれは、和製英語ではないかと思います。外国で耳にした記憶はありませんし、大きな英和辞典にも記載がありません。それに英語の「コース」は一連の料理ではなく食事に出る一皿一皿のことで、たとえば最初の皿はファーストコース、メインの料理はメインコース、三皿の定食はスリーコースディナーです。一方、国語辞典には「フルコース」がしっかり載っており、「西洋料理において一定の順序で組み立てられた献立。前菜・スープ・魚料理・肉料理・サラダ・デザート・フルーツ・コーヒーの順が標準」とあります。現在では日本のホテルの結婚披露宴以外、まずお目にかからない形です。定食コースはデザートを除いてまあ二皿か、せいぜい三皿が普通です。

定食コースと間違えられないように献立表を呼ぶ言葉はカルトです。英語のカードに当たります。カードにしては大判ですけれど、確かにカードみたいな厚紙に書いてあります。で、このカルトの品目の中からあれとこれとと選ぶのを、ア・ラ・カルトと言います。英語に直訳すれば、アット・ザ・カードです。

アラカルトは「いろいろ」くらいの意味に受け取られていますね。元々はこの、カルトから「いろいろ」一品ずつ自分で選ぶやり方であり、言わばお仕着せのムニュをとるのと対照的な食べ方を示す表現です。フランス料理はコースで食べるもの、というイメージがあるらしいのですが、実際はそんなことはなく、アラカルトの方が多数派です。食べ慣れた人は自分の好みに基づいてアラカルトで選んで食べ、食べ慣れない人はよくわからないのでお仕着せのコースで食べる、と言えるでしょう。

コースで食べるなら、選択は簡単です。コースが一種類であればそれを注文しておしまい、複数あってもそのどれにするかだけの話です。では、アラカルトで食べる時にはどう選ぶのでしょうか。メニューにはさまざまな料理が、いくつかのパートに分けて書いてあります。標準的なメニューでは、初めに前菜、次にスープ、それに魚料理、肉料理、野菜料理、デザートの各パートです。ちょうど「フルコース」の順番と同じです。「フルコース」はそのすべてのパートから一皿ずつを連ねたもので、だから「フル」なのでしょう。フルに食べて具合がいいように、量を整えてあります。

もしフランスのレストランで、すべてのパートから一皿ずつアラカルトで注文したら、ギャルソ

ンは「正気か？」という顔をするに違いありません。現代のフランス料理は二皿構成が基本であり、尋常の人間がそれで満足するように、量が作られているからです。食べたければ、食べられるなら、もちろん何皿注文しても構いません。正気か狂気か大きなお世話、人間離れした食欲を見せつければいいのです。

尋常な人間が食べる量の二皿のうち、一皿目は前菜かスープかを選びます。前菜とスープを一皿ずつではありません。二皿目は魚料理か肉料理かです。魚料理と肉料理を一皿ずつではありません。この二皿構成がフランスの食事の基本で、正式な晩餐でもこれにサラダを加えるかどうかくらいです。皿数を言う場合、フランスではデザートは勘定に入れません。そのデザートの部では、チーズと甘いデザートの両方、あるいはチーズか甘いデザートかのどちらか一方を食べます。デザートの部は店によって、別メニューになっていることもありますし、メニューなしにワゴンから現物を選ばせることもあります。

ついでにと言っては叱られそうですけれども、イタリアの食事は三皿構成が基本です。前菜一皿、スープ一皿、魚料理か肉料理一皿の三皿です。スープが独立している分だけフランスより多く、イタリア料理はスープを重視しているように見えます。実はこれ、イタリア料理につきものとされるパスタが、スープ枠に入っているのです。昔はスープパスタの形で供されたためか、今でもパスタ類全部がスープ扱いなのです。ピザもリゾットもパスタであり、これらもスープの一種ということになります。ですからイタリア料理は、正式には前菜・スープ（パスタ）・主菜の三皿、略式には前菜かスープ（パスタ）のどちらかを省いて二皿で食べる、と言えます。甘いデザートは、フランス料理と同じく別腹、別枠です。チーズは料理で多く使われるからか、フランスほど食後にまとめて食べはしないようです。

先ほど触れた、各パートに分かれた標準的なメ

25 コース料理とアラカルト

ニューを出す店は、今日では少数派になった観がありります。日本のフレンチで圧倒的なのは、プリフィクスメニューです。訳せば固定値段定食であり、大抵は前菜・主菜・デザートをそれぞれ何種類か並べた中から一皿ずつ選ばせ、どれを選んでも値段は同じという形式です。総額がわかりやすいのと、型が決まっていて選びやすいのとで、ドンドン広まりました。固定値段と言っても、食材コストが高い料理もあり、それを選ぶとプラスいくらという数字が付いています。中にはどれもこれもプラスだらけで、元の値段で食べられるのは前菜も主菜も一種類だけといった、あんまりな店もあります。プリフィクスメニュー自体が3800円、山鴫《やましぎ》のサーチャージが6000円、合わせて9800円という店もありました。コーヒーを600円の別料金にして、本体の固定値段を3000円に抑えている店もあります。

食べる側によく見かけるのは、何人かで別々の二皿を注文し、それぞれの皿を皆で分けるシェア方式です。こうすると二人でも四皿を味わえる勘定です。以前流行したムニュ・デギュスタシオンという「お味見定食コース」を、お客が自主的に作り出しているようなものです。しばらく前にオランダで、日本のプリンスが自分の皿をプリンセスに分けようとして、店が慌てて同じ料理を作って出したという「事件」があったそうです。日本ではあまりにこの食べ方をするお客が多いため、それを予期した量と値段に設定する店も増えてきました。各皿が二人前になっているのを知らない私が一人で前菜と主菜を一皿ずつ頼み、「正気か?」という顔をされたことがあります。

26 デザート、この重要な後半戦

食事の最後に甘いものを食べるのは、今は日本でもすっかり習慣として定着していますね。トメに甘味が出ないと、どうも落ち着かない気がするほどです。しかし終わりに甘味を摂るのは、日本では決して昔からのことではありません。まあせいぜい、ここ20～30年くらいではないでしょうか。それまではお茶だけで、甘味なしで食事が終わっていました。父がその頃の言わば帰国子女だった私の生家では、よく母が「お父さんはヘンよねえ、ごはんのあとでケーキなんか食べるんだから。それも少し経ってからならまだしも、終わってすぐになんて気持ち悪いわ」と言っていて、私も「そうだナ」と感じたのを覚えています。当時は食事に引き続いて甘いものを食べるのは、確かに思い切りヘンでした。それが今は当たり前の時代、今回はデザートが話題です。

そもそもデザートとは何でしょうか。私には「とは何か」を知りたい時、国語辞典を引く習慣があります。常識レベルでキチンとコンパクトに知るのに、大きな国語辞典はインターネットより

26 デザート、この重要な後半戦

確実で便利です。そこには「西洋料理で食事の最後に出されるチーズ・菓子・果物など」と載っています。え、チーズもデザートなのか、と思われるかもしれません。チーズもデザートの一種とされています。フランスの『ラルース美食事典』にも、「チーズと、原則としてチーズのあとで出される甘い調理物とフレッシュフルーツを含む」と書いてあります。全く同じ内容です。私たちは「デザート＝お菓子」と考えがちですけれど、デザートはもう少し広い領域を指すようです。

デザートは「食卓を片づける」意味から来た言葉です。否定辞の「デ」が「サービス（食卓に供する）」についた形です。ライク（好む）を否定してディスライク（嫌う）、オネスト（正直な）を否定してディスオネスト（不正直な）の、あの「デ」です。レストランではメインディッシュが済むと、ギャルソンがヘラみたいな道具を使ってパン屑を掬い取り、テーブルの上をきれいにしますね。デザートは本来、食卓を片づけるあの作業のことです。言わば食事ゲームの前半戦が終了したところでのグラウンド整備なのですが、それが後半戦を示すようになりました。その後半戦に含まれるのが、チーズと菓子と果物というわけです。

このうちチーズについては、これまでにたくさんお話しして来ました。ナマの果物については、お話するまでもないでしょう。ここでは菓子についてお話しします。菓子は字の中に「果」が入っていて容易に想像されるとおり、もともとは果物を表わした単語ですけれど、今では『ラルース美食事典』の言う「甘い調理物」です。ラルースは甘い調理物として、アントルメ、パティスリ、氷菓を挙げています。

一つ目のアントルメは、聞き慣れない言葉ですね。語源的には「料理（メ）」と料理「の間（アントル）」で、昔は次の料理を待つ時間ふさぎの軽い料理であり、塩味も甘味もありました。大昔には料理の間に演じられる芝居・軽業・音楽・踊などもまた、アントルメと呼ばれました。それが次第に甘味に限定されて来て、現代ではこのあとお話するパティスリと氷菓を除く、食事後半の甘いもの一般になっています。

温かいアントルメには、たとえばスフレやクレープやフルーツフランベがあります。スフレは泡立て卵白を使って「膨らませた」菓子、クレープは粉に卵と砂糖と牛乳とバターを混ぜた「縮緬」焼き、フルーツフランベはブランデー類をかけて「火をつけた果物」です。

冷たいアントルメには、たとえばババロワやムースやプリンやメレンゲや果物煮があります。ババロワは砂糖・卵黄・ゼラチン・牛乳に泡立て卵白と生クリームを加えた「ババリア地方の」菓子、ムースは「泡」立て卵白やクリームを使った菓子、メレンゲは泡立て卵白に砂糖を混ぜた「軽い」菓子です。

二つ目のパティスリは、最近よく聞きますね。そうです、あのパティシエの作るのがパティスリ

26 デザート、この重要な後半戦

です。パティスリのスペルの初めの部分に、「パート」という文字が含まれています。パートとは小麦粉の生地であり、小麦粉の生地を使った菓子がパティスリです。スパゲッティやマカロニといったパスタも、肉のパイ包みのパテも、パートから来ています。

パティスリには塩味の料理も甘味の菓子もあったのですが、塩味メンバーはパティスリの領分から外れ、甘味側だけが残りました。見方を変えれば、小麦粉の生地を使わないものは、パティスリとは呼べません。パティシエはスフレでもムースでもアイスクリームでも、「デザート」なら何でも扱う人みたいに考えられていますけれども、正確には小麦粉の生地を使う「ケーキ屋さん」です。男ならパティシエ、女なら語尾が変化してパティシエールです。飲物サービスの男がソムリエ、女がソムリエールなのと同じですね。

パティスリのうち、タルトは生地の台に果物などのネタを載せて焼いたもので、タルトの上面を生地でカバーしたのがトゥールトです。ガトーは守備範囲がパティスリとほとんど変わりません。パティスリが抽象的総称的なニュアンスなのに対し、ガトーには具体的個別的な響きがある程度の違いです。

三つ目の氷菓は、アイスクリームとシャーベットです。乳脂肪や卵黄が入っているのがアイスクリーム、入っていないのがシャーベットです。結婚披露宴などの「フルコース」で、魚料理と肉料理の間に氷菓が出て来ることがありますね。初めての時、オヤもうデザートかと喜び、そのあと肉料理が運ばれてガックリ？した経験がありませんか。

実はシャーベットには二種類あって、ワインやリキュールでアルコール分が加わり甘さ控えめな方を、特にグラニテと呼びます。「花崗岩のようにブツブツがある」意味です。確かに、普通の滑らかなシャーベットと違って、かき氷的な感じがします。魚と肉の間に供されるのはこのグラニテで、爽やかさで気分を変えアルコールで胃を刺激し、メインディッシュに向けてヤル気を掻き立てる役なのです。アルコールに弱い人は、これだけで酔っ払ったりします。アルコール分なしで甘さしっかりの方には特別な名前はなく、単にシャーベットでデザートとして供されます。

ラルースが挙げるのは以上の三つですが、「甘い調理物」にはもう一つ、コンフィズリというジャンルがあります。「漬けて保蔵された」ものがコンフィズリで、デザートの分野では砂糖漬食品であり、一般に「糖菓」と訳されます。たとえばドロップ、キャラメル、ヌガー、ボンボン、ジャム、砂糖漬フルーツです。アーモンドに赤や白の糖衣を着せたドラジェも、そしてチョコレートも、この仲間です。食事での出番は後半戦も最後、コーヒーや食後酒と共演します。

以前の日本では、「男は酒、女子供は甘いもの」と、相場が決まっていました。酒も飲み甘いものも食べる人は例外的で、「あれは両刀遣いだ」と、珍しがられたものです。また、酒好きは左党と呼ばれていました。酒呑みは右手の箸で肴をつつき、左手の盃に酒を受けたからだそうです。「男は左党、女は（言わば）右党」と、左右両党の勢力分布がハッキリしていました。現在では男も女も関係なく、多くがアルコールも嗜み甘味も楽しむ、天下御免の二刀流の遣い手になっています。左党からも右党からも離党者が続出し、無党派層が大勢を占めています。今回はその新多数派の皆さんのご参考に、デザートの領域を整理してみました。

27 パティシエの守備範囲

前項ではデザートについて、領域の整理みたいなお話をしました。せっかくこの方面を始めたので、今月は引き続きそのうちの、小麦粉の生地を使う部分のお話をします。つまり、パティシエの担当分野とその周辺です。

またちょっと整理じみたことから始めます。一口に小麦粉の生地と言っても、いくつかの種類があります。

＊一つ目は「叩いて押し延ばした」生地で、これにはシュークリーム用のようなクリーム状のと、ビスキュイ用のような空気を含んだのと、クレープ用のような流動状のがあります。

＊二つ目は「練り込み」生地と呼ばれるもので、タルトの台を思い浮かべればいいでしょう。

＊三つめは「折り込み」生地と呼ばれるもので、ミルフイユなどでお馴染みです。

＊四つ目は「発酵で膨らんだ」生地で、ブリオシュもパンもこのグループです。

＊五つ目が「発酵で膨らんだ折り込み」生地で、クロワサンがその代表です。

以上のそれぞれにまた小分類がありますけれども、細かいことはともあれ、「小麦粉の生地もいろいろで、大まかに分けると五つなんだ」くらいに考えて下されば結構です。

シュークリームは日本で「洋菓子」の代表選手とされていますね。シンプルで厭味なく、誰からも愛されるようです。本名シュー・ア・ラ・クレームと申します。シューはフランス語のキャベツです。あのボコボコした薄いのが、キャベツの一枚一枚に似ているからでしょう。「クリームを包んだキャベツ」という意味のフランス名のところ、クレームより英語のクリームの方が馴染みやすいと見え、ア・ラは面倒と見え、シュークリームなる日本独自の仏英混合名が定着しました。英語でシュークリームは、シュー（シューズの単数）につけるクリーム、つまり靴墨のことです。このお菓子はシンプル過ぎるからか、実はフランスではあまり見かけません。

よく見かけるのは、その舎弟分というか兄貴分というか、丸いシュークリームを細長く伸ばした形のエクレアです。上面にチョコレートかコーヒーの砂糖ペーストを塗って、詰めるクリームにもチョコレートやコーヒーの味がついている、あれです。エクレアはフランス語エクレールの英語読みで、エクレールとは稲光です。食べるとシューからクリームがはみ出す、それが落ちないうちに電光石火の早業で食べなければならないからその名がついたと言われるものの、本当かどうかわかりません。

ビスキュイは英語のビスケットのモトに当たる言葉ですが、フランス語ではスポンジケーキとビスケットと、両方の意味を含むので注意が必要です。ビスキュイ・ルーレは、スポンジの方の「ロールケーキ」です。ビスキュイ・ア・ラ・キュイエールは、ビスケットの方の「フィンガービスケット」です。フランス語のスプーン（キュイエール）が、英語では指（フィンガー）に変わっています。ビスキュイ生地と言う場合は、ビスケットの方です。ビスは「二」、キュイは「焼いた」で、二度焼きで水分を飛ばして日持ちをよくし、軍隊の携行食に使ったのだそうです。我が国の乾パンと同じですね。近い言葉にビスコットがあります。英語ならラスクで、中が乾くまで狐色にトーストした薄切りパンです。

タルトで一番有名なのは、タルト・タタンではないでしょうか。焼き林檎満載、といった感じのお菓子です。型に砂糖を振り、八ツ割の林檎を並べて溶かしバターをかけ、層状の生地で蓋して焼き、最後に裏返しにひっくり返す、あれです。19世紀の終わり頃、フランス・ロワール地方の小さなホテルで、タタン姉妹が作り始めたと伝えられます。姉妹の一人が忙しさから慌てて型に林檎を放り込んだだけでオーブンに入れてしまい、もう一人が生地のないのに驚いて生地をかぶせ、焼き上がりが不格好なため上下逆にしてお客に出し、それが大ウケしてこのホテルの、この地方の名物になったとか。恥ずかしながら私はこれが大好き

です。料理の後、温かいタルト・タタンにアイスクリームを添えて食べながら、林檎ブランデーのカルヴァドスを飲むと、「この世の幸せを形にしたらこういうものに違いない！」と、一直線に思ったりします。

林檎の粉菓子と言えばアップルパイですね。タルト・タタンもその一種です。チビの頃、近所の洋菓子屋のテーブルで私はいつもシュークリーム、父は決まってアップルパイを食べていました。少し大きくなってから、私は父に倣ってアップルパイ派に転向しました。その店のは、円盤形を扇状に切り分けたパイではなく、長方形を数センチ幅に切り離したアリュメットで、今でもその味を憶い出します。それ以来のアップルパイ派です。アメリカ人にとって、神聖にして侵すべからざるものが世の中に三つあり、一つはスターズ・アンド・ストライプス（星条旗）、一つはマザー（お母さん）、そして一つがアップルパイだ、と聞いたことがあります。私はアメリカの皆さんと政治上・経済上の意見が合わないことが多々あります。しかしアップルパイ上の意見は、完全に一致するものであります。

ミルフイユは日本ではミルフィーユと呼ばれています。コンシエルジュがコンシェルジュになるのと同じで、どうも片仮名の時に拗音化する傾向が、私たちにはあるようです。ミルは「千」、フイユは「葉」、ミルフイユは「千枚の葉っぱ」で、薄いパイ層が何枚も重なっている状態を表わす名前です。フィーユは「娘」ですから、ミルフィーユでは「千人の娘」になってしまいます。本によってはミルフォイユと書いているのがあり、これならミルフィーユになる心配はなく、また本来の音にも近い感じです。発音はさておき、ミルフイユはパイ皮サクサク、クリームしっとり、まことにおいしく楽しいお菓子です。でもとにかくホロホロと崩れやすく、ナイフを立てようものなら落花狼藉、皿一杯に散らばります。ただでさえ食べ方の下手な私は、その下手さ加減を再確認させ

27 パティシエの守備範囲

られる気がします。だから私はこのお菓子がキライです。

マリー・アントワネットが、民衆は食べるパンがないと聞いて、「パンがなければお菓子を食べればいいのに」と言った、と訳した本がありました。お菓子が食事代わりになるのか、パンがないのにお菓子があるのか、王后さまはヘンなこと言うなあと、よく理解できませんでした。原文は「パンがなければブリオシュ」だったのです。当時の読者にはブリオシュではわからないだろうと、訳者が気を遣ってお菓子と訳したわけです。今はそのままで通用しますね。「バターと卵がたっぷり入った発酵生地の軽く膨らんだ菓子」と説明する辞典もありますが、バターを多く加えたパンとも言えます。そうなら、「パンがなければ」その代わりになります。マリー・アントワネットにとっては、食事の際にパンかブリオシュかがチョイスだったのでしょう。私はお菓子と呼ぶほどでないこのシンプルな粉製品を、デザートに食べるのが好きです。ジャムかマーマレードを少し添えたら完璧です。

クロワサンは誰もがご存知でしょう。三日月形の捩りパイみたいなパンです。フランス語のクロワサンは「三日月」で、三日月はトルコ国旗の主役です。1683年、オスマントルコ軍に包囲されたウィーンで、早朝に敵が行動を開始する音に気づいた早起きパン職人がそれを通報し、おかげでトルコ軍の侵入を防げました。その功により、トルコ国旗の三日月を象ったパンを作るのを許されたのが始まり、ということです。フランス人の朝食につきもののように思われますけれど、クロワサンは高級品であり、庶民の日常の食卓ではなかなかお目にかかりません。単なるバゲットの輪切りが幅を利かせています。

28 パンとケーキとその間

前回はデザートのうち、「小麦粉の生地を使ったもの」を見ました。主としてパティシエの担当分野であるパティスリです。でも「小麦粉の生地」ときたら、私たちにとっては何と言ってもパンでしょう。今回はパンのお話です。

いきなり余談です。私は子供のころ、パンは片仮名だから当然英語だと思っていました。中学に入って驚いたのは、英語でパンはブレッドだ、と教わったことです。じゃ「パン」ていったい何なんだ？　その時は先生に訊かなかったし、先生も説明してくれませんでした。パンはポルトガル語だと、あとで知りました。戦国時代にポルトガル人は鉄砲だけでなく、テンペーロやコンフェイトやカスティーリャなどの食べものも伝え、それがそれぞれ天麩羅や金米糖（金平糖）やカステラとして日本語に定着した、パンもその中の一つ、だそうです。ポルトガル語の仲間のスペイン語でもフランス語でもパンはパン、イタリア語ではパーネです。英語はそれら南欧系の仲間ではなく、北欧系のドイツ語の仲間なので、全く別の呼び方をするわけです。

何と呼ぶかはともあれ、南欧系でも北欧系でも、西洋人はパンをよく食べます。「日本人の主食は米、西洋人の主食はパン、というのは間違いで、西洋人の主食は肉です」などと解説する人がいますが、それこそ間違いで、肉はとても多数の人間を養えません。人類は基本的に穀物を食べて繁栄して来ました。その穀物が私たちにとっては米であり、彼等にとっては小麦なのです。

もちろん、多くの日本人がいつも銀シャリ（古いですね）を食べられたわけではないのと同様に、多くの西洋人がいつも小麦の白パンを食べられたわけではありません。ライ麦や大麦、空豆やえんどう豆、栗や団栗、いろいろな穀類をパンにして食べました。それでも、日本人の心の拠りどころが常に粒のまま炊いた米だったのと同じく、西洋人の心の拠りどころは常に粉にして焼いた小麦でした。できれば小麦の白パン、できなければ他の穀物の黒パン、いずれにしてもパンが中心的な食べものです。

材料はそのようだとして、次に加工です。パンの加工法は、大きく三つに分かれます。一つは生地を薄く延ばして熱を当て、内部に蒸気を行きわたらせるもの、二つは自然に乳酸菌で発酵させるもの、三つは人為的に酵母を加えて発酵させるものです。

一つ目は発酵させないパンで、インドのチャパティがその例です。同じインドでも、酵母で発酵させたナンは高級品であり、チャパティは庶民的日常的なパンとして、各種のカレーに添えられます。

二つ目の乳酸菌で発酵させた生地がサウワドウです。アメリカでは「こちらのサイワドウにしますか、それとも……」とか頻繁に登場します。サウワは日本語でサワー、乳酸菌で酸っぱいんですね。ドウはパン生地のことです。円いドウを揚げた上に胡桃を載せたお菓子がオランダで生まれ、後に胡桃（ナッツ）を載せなくなり、載せていた部分に穴をあける形で生地がリング状に変わった、それがドウ・ナッツ（ドーナツ）の始まりと言われます。

三つ目に云う酵母がイーストです。一般に「パンはイースト菌で作るもの」と考えられているほどポピュラーな、「パン種」です。

レストランで出て来るパンには、まずバゲットの輪切りがあります。「フランスパンと言えばコレ」みたいにすっかりお馴染みの、カリカリ皮の細長いパンです。フランスでは、朝昼晩の食卓に必ずこれが載ると言ってよいほどの、基本的な存在です。それだけに、バゲットの輪切りのみを籠に入れて出すのは、ややカジュアルなレストランです。バゲットは「細い棒」の意味であり、たとえば箸もフランス語でバゲットです。

その弟分に当たるのがバタールです。バタールは「折衷の」の意味で、バゲットとそれを大きくした感じのパリジアンとの中間の、バゲットより短くて太めのパンです。料理の合いの手ならバ

28 パンとケーキとその間

ゲットで十分でも、パン自体を食べる時にはバゲットでは物足りない気がして、我が家では半分に切ったバタール（ドゥミ・バタール）を買っていました。

少し高級なレストランでは、バゲットの輪切りと一緒に、あるいは単独で、プチパンが出されます。プチパンは文字どおり、小さいロールパンです。ロールは本来、生地を巻いたからロールなのですが、今では薄切りにしないで丸のままテーブルに供されるパンの総称になっています。代表的なのがクーペです。クーペは「切られた」の意味で、皮に切り込みが入ったパンを指します。切り込みを入れるとその分カドが立ち、適度なカリカリ感が出ます。見た目は短くまとまったバタールのようです。この「クーペ」から、日本の「コッペ」パンが生まれました。

これらのパンはすべて、粉と水と塩とイーストといった、基本材料だけで作られます。基本材料だけで作るパンをリーンタイプと呼びます。リーンは英語の「やせた」です。反対の「肥った」方はリッチタイプと呼びます。リッチタイプは基本材料に、砂糖や卵や牛乳や油脂といった副次材料を加えて作られます。その典型がブリオシュで、ブリオシュは砂糖、卵、牛乳、バターをタップリ含んでいます。

リッチタイプの生地を使ったものは、他にもたくさんあります。クロワサンがそうですし、少し柔らかめの棒チョコを巻き込んだ体のパン・オー・ショコラ、レーズンを散らした平たい渦巻き形のパン・オー・レザン、焼き林檎を包み込んだショソン・オー・ポムもそうです。クロワサンの謂れは前にお話しました。パン・オー・ショコラやパン・オー・レザンはそのとおりの名前です。ショソンは「スリッパ」のことです。中身を包んで二つ折りの半月型にしたその形がスリッパに似ている……んですかね。

この辺りになると、パンと言ってよいのか、むしろお菓子と称した方がふさわしいのか、迷ってしまいます。パンとお菓子の中間海域にあるこれらを、ヴィエノワズリ（ウィーン風のもの）と呼びます。ウィーンで始まったとされているのですが、その後デンマークに伝わって発達したため、英語ではデーニッシュ・ペイストリと言います。ペイストリはパティスリに当たる単語ですから、これはもうお菓子側の防空識別圏内です。

パンとお菓子の領海問題は、難しいところです。様々な線引きが試みられますが、どの線も綺麗に引けません。私は両者の間に厳密な境界線は引けないし、引く必要もないと思います。

そこで憶い出すのが、フランス料理とイタリア料理は何が違うかについて、何年か前に行なったアンケートです。首都圏の若い女性５００人の答で最も多かったのは、「気取って食べたらフランス料理、気楽に食べたらイタリア料理」です。フランス料理もイタリア料理も、料理自体に大した違いはない、違うのは食べる自分の気分だけ、なんですね。見事な区分けと感心しました。それに倣って、パンとお菓子の区別についての私の考えは、「主食と思って食べたらパン、嗜好品と思って食べたらパティスリ」です。同じく粉の生地を火にかけたパンとパティスリとの間にハッキリした線は引けない、線を引けるのは食べる自分の気持ちだけ、というわけです。

実際、互いの領海に侵入してパティシエがパンを作ることも、ブーランジェ（パン屋）がパティスリを作ることもあります。私はパティシエの店で見かけるチョット柔和なパンが好きですし、パン屋の棚に並んでいるヴィエノワズリやチョット武骨なパティスリはもっと好きです。

29 レディファーストは「老師の思想」で

かなり前に、マナーのお話をしました。マナーの基本は「他の人に不快感を与えないこと」であり、ほとんどは私たちが常識として心得ているので大丈夫、ただし習慣の違いから、私たちにはOKでも外国の人にはNGなこともあるため、その部分は知識として持っておく必要がある、といった内容でした。そして食卓での習慣の違いを、10のポイントに絞ってご紹介しました。今回はレストランでの習慣の違いの典型である、レディファーストについてお話しましょう。

レディファーストは一般に誤解されている、と私は思います。レディは淑女、まあ女性ですね。ファーストは一番、まあ初めとか先とかです。合わせて女性が先、つまり何でも「女性に先にさせる」のが、レディファーストと受け取られているようです。女性に先にさせるのがルールなら、何かを選ぶ時も女性が先、始めるのも終えるのも女性が先であればいいことになります。着ているコートを男女二人がクロークに預ける場合、それぞれが脱いでまず女性が係に渡し、その後で男性が自分のを渡す、これが「レディファースト＝女性が先」です。

なぜそれが誤解かと言えば、レディファーストとは「女性に先にさせる」ではなくて、「女性のことを先に考える」が本来だからです。いまのレストランの例では、まず女性が脱ぐのを男性が手伝ってそれをクロークに預け、その後に男性は自分のを脱いで預ける、これが「レディファースト＝女性のことを先に考える」です。バッグを手にしたままでは不自由ではないか、厚いコートを脱ぐのはたいへんではないか、と心配してあげるわけです。

なぜ心配してあげるかと言えば、女性は男性よりカヨワイ、労《いたわ》らねばならない存在とされているからです。弱者保護の騎士道精神と申せましょうか。弱い者は労るべきであり、労るとは自分に優先して相手を考慮することです。いや、最近の女性の皆さんが実際は全然カヨワクなく、それどころか極めてお強いのを私は重々承知しておりますが、昔の建前は生きていて、労って差し上げることになっているのです。

ここで脱線です。私がいま大学で人事管理を教えている中で最も難しいのは、女性差別撤廃の個所です。女性は待遇で差をつけられている、出世にも目に見えない「ガラスの天井」があって頭打ちになる、総じて不利に扱われている、従って……と喋っても、学生たちは皆キョトンとしています。訊いてみると女子学生は、これまで不利に扱われた記憶が全くない、むしろ男に比べて優遇されている、自分たちの方が恵まれている、と言います。もう一度生まれ変わるとしたら、そりゃやっぱ女がいいわラクチンだし、だそうです。男子学生も傍でウンウンとうなづいています。差別があると感じてない人に差別を是正せねばならんと教科書どおりに教えるのは、かなりチャレンジングな仕事です。そういった方々をもなお労る必要があるのだろうかと、疑問を抱いたりしています。

それはさておき、西洋の習慣がそうなら西洋的な場では仕方ないかと、女性のことを先に考えるのがレディファーストと心に刻みます。しかし頭では理解しても、イザその場ではなかなかうまく行きません。「お飲みものは?」と訊かれて、同席の女性より早く「コーヒーを、ブラックで」と答えそうになり、慌てて隣の彼女に「何にされますか」などとお伺いすることが、私にはよくあります。

また「考えてあげる」と言っても、このケースではどうしたらいいかと、とまどうことがあります。どんな時にどんなことをどのくらいするのが適当か、難しい問題です。こうした難問に対処するために私が使っている方法を、これからご説明します。レディファーストに慣れない人でもたった今から、十分にそれ的に振る舞える秘法です。女性の読者は、ぜひパートナーに教えてあげて下さい。名づけて「老師の思想」と申します。中国の昔の思想家の老子ではありません。年とった先

生の意味です。

思想の中身は単純です。「相手を老師と思え」、ただこれだけです。相手が妻でも友人でも何でも、それを女性だと思うからうまく行かないのです。女性ではなく、小学校時代にお世話になった先生だと思えばいいのです。その先生が驚くほど年をとって、身体も小さくなって、いま目の前にいる。先生は男でも女でも構いません。その先生と一緒に行動していると考えれば、すべてうまく行きます。レストランの例で考えてみましょう。

店に着いたらドアをあけます。年老いた先生にあけさせはしませんね。こちらがあけます。クロークではもちろん、先生がコートを脱ぐのを手伝い、それを預け、それから自分が脱いで預けます。先ほどは「え、そんなにまでするのか」と感じた人も、対象が老師なら納得するはずです。思わずそうしてしまいます。受付には自分が予約の名前を告げ、案内されるテーブルへ、先生を先に立てて、見守りながらついて行きます。ステップがあって手すりがなければ、足許の覚束ない先生に手を貸すでしょう。当たり前のことです。テーブルでは椅子を引いて、先生がちゃんと座ったのを見てから、自分が座ります。メニューを先生に渡し、何にするか聞く。先生がわからなかったら、自分が訊いてあげます。先生の注文は当然、自分のとまとめてサービスの人に伝えます。食べている間も、こぼしはしないか、水のグラスはカラになっていないか、いろいろ気を遣います。まさか支払いを割り勘にとは思いもしませんね。目立たないように、自分がすべて済ませます。席を立って店を出るまでのところは、入って来た時と同じです。

という具合に、マトモな大人であれば、ごく自然にするに違いありません。一緒にいるのが女性と思うから、何せレディファーストだからなあと大儀そうにドアをあけたり、グズグズせず早く入れという顔をしたり、コートを脱ぐのに手間どるのをボンヤリ待ったり、先に入ったんだから予約の名前を早く言えと秘かに思ったり、わざとらしく椅子に立ってテーブルに行ったり、メニューでわからないのは遠慮せず訊けばと言ったり、自分の注文くらい自分でしろと促したり、こぼした時にしようがないなという表情をしたりするのです。

自分が小学生の頃、あんなに元気で、ダメな自分をいつもかわいがってくれた先生が、こんなに年をとって弱ってしまっている。その老師に対して、そんなことが出来ますか。老師になら、自ずから労りの気持ちが生じます。いま自分が一緒にいるのは女性ではなく、その老師だと考えれば、レディファーストのマナー上するべきことは、すべて流れるように運びます。どうぞ「老師の思想」をお試し下さい。

これは男性向けの心得ですけれども、女性にも理解していただかないと困ります。男性側がせっかく素晴らしい思想に基づいて動いているのに、女性側が「何やってんの、バカみたい」とばかり、元気いっぱい、自分で何でも出来るぞと動いてしまっては、全体が円滑に進みません。私は会食した初対面の女性に、帰りのクロークでコートを着せかけようとして、「何すんのよ」と、これは本当に口に出された経験があります。とりあえずスミマセンと謝りつつ、「いえ別に、触ろうとしたわけではありません」と、心の中で呟きました。皆さん力強くお元気で、何のご不自由もないとは存じますが、女性も「自分は老師なのだ」と自覚して下さらないと、この思想は有効に働きません。

30 食べ残すのと好き嫌いと

「レストランで料理を残すのはシェフに失礼だと聞きましたけど、やっぱりいけないんですか」と時々訊かれます。「とんでもない、どうぞ残して下さい。全く心配いりません」と、いつもお答えしています。こちらはお金を払って、自分が幸せになりに来ているのであり、シェフを幸せにしに来ているわけではないので、残したければ残して、一向に差し支えありません。おいしくはあるものの、量が多過ぎて食べ切れない、それを残すのは当然です。

私自身は滅多に残しませんが、それは別にシェフに気を遣ってではなく、単にもったいないからです。おなかはいっぱいになっていても、育ちがいいのか悪いのか、どうも残すのはもったいない気がして、エエイと平らげてしまいます。あとで苦しくなり、食べ過ぎを後悔する羽目になります。自分が快適なのが一番ですから、後悔を先に立てて、途中でやめておくのがいいと思います。

ここで早くも余談です。日本では量が日本人向けになっているので、よほど小食の人以外は、食

30 食べ残すのと好き嫌いと

べ切れないことはほとんどないでしょう。フランスのフランス料理は、一皿一皿のボリュームが日本に比べて遥かにタップリしています。パリで何度も繰り返し経験して今でも覚えているのは、日本の会社から出張で来た上司と部下の二人組を接待したケースです。前菜を終えた時点で、二人ともあとはもうデザートのみで十分、という状態になっています。そこへ前菜を上回る量のメインディッシュが運ばれて来ると、どちらもゲンナリした表情をします。二口か、せいぜい三口くらいのところで、上司が部下に「うん、これはうまい、すごくうまい。キミ、少しあげよう」と持ちかけます。自分のだけでさえ既に持て余している部下は、「いやいや、結構です」と慌てて答えます。「いや、本当においしいんだ。ぜひ食べてみたまえ」「いやそんな。本当にいいですよ」「そんなこと言わずに。ホラ!」と強引に、思い切り大きく切った肉を部下の皿にドン。部下の顔が引きつります。それほどおいしければ自分で食べたらいいのですけど、実はそれ以上食べられないため、職制の圧迫でムリヤリ押しつけるのです。その辺りで漸くこちらが「いやあ、もともと多過ぎるんで、どうぞお気兼ねなく残して下さい」と介入します。険悪になりかけていた二人はホッとして、「そうですか、それじゃまあ」と半分以上を残します。このミニドラマは、役者がその都度変わっても、毎回こうしたパターンで進行しました。

量が多ければ残すのは当然ですが、嫌いなものを残すのも自然です。誰にも好き嫌いはあります。料理の味はよくても、中に嫌いな材料が入っていれば、残したいのは当たり前です。嫌いなものまで我慢して食べねばならぬ義理はありません。えらいシェフのお店でも、ご遠慮なくお残し下さい。

私にも嫌いな食材があり、皿に載っているそれだけをキレイに残します。嫌いなのは何を隠そう、何も隠す必要はない、玉葱です。「玉葱が嫌い」と聞くと、すぐに人は「あんなおいしいもん」と言います。十人が十人、みんな「あんなおいしいもん」です。慣れていながらも、これにはいつもムカッとします。アンタはおいしいと思うかもしれないけど、アタシは嫌いだと言ってるんだ、と返したいのを辛うじて堪えます。誰かが好きになった人に、「あんな女の（男の、でも可）どこがいいのさ」と言うようなもんじゃないか。大きなお世話、放っといてくれ、好きなものはしようがない、が恋する人の心情でしょう。玉葱が嫌いなんだからしようがないだろ！

最近は注文の終わりに、「何かお嫌いなもの、苦手な食材はございますか」と訊く店が増えてきました。せっかくおいしく楽しく過ごそうと来てくれたお客が、たまたま料理に嫌いなものが含まれていたおかげで不愉快になっては困るし、今ではいろいろな食材にアレルギーを持つ人が多く、その場合は不愉快の範囲を通り越して、もっと困るからです。アレルギーの方は私には幸い何もな

30 食べ残すのと好き嫌いと

いので簡単ですが、嫌いなものの方は難しいところです。私が嫌いなのは、火が通って歯当たりがまだある玉葱であり、火が通って溶けていたり、曝《さら》しただけで歯当たりある玉葱は、むしろ味の上で欠かせないものなのです。そこまで説明するのは面倒なため、「いえ別に」と答えます。その結果、時として玉葱のソテーがザクザクとか、艶煮の小玉葱がゴロゴロとか付合せに出て来て、それをそのまま残すことになります。

ここで極めて私的な脱線です。子供の頃、何と言ってもロールキャベツが嫌いでした。母が作るロールキャベツは、玉葱の細片が混じった合挽肉をキャベツで包んであり、私は食べるより何より、玉葱の細片排除に没頭せざるを得ませんでした。キャベツと挽肉を食べ終えた私の皿の手前側には、排除した玉葱のコンモリした山が残りました。細かいだけに作業が大変、それがロールキャベツ嫌いの理由です。まあしかしそのおかげで、如何に細かく切った玉葱でもフォークの先で見事にハネのける、芸術的手腕が培われました。現在の勤務先に近い「コーヒーと軽食の店」で毎週のようにオムライスを食べるのは、ご主人と奥さんの人柄に加えて、その店のオムライスには玉葱が入っていないからです。

大きなお世話で憶い出したことがあります。お酒を飲まない友人の話です。「私はアルコールがダメなんで」と断わると、必ず相手は「なに、酒が飲めないのか、かわいそうに。キミは人生の楽しみの三分の一を知らないなあ」と言うそうです。なぜ三分の一かはともあれ、そう言う人はお酒が好きで、飲むと楽しく、料理も一層おいしく感じるのでしょう。その楽しさおいしさを知らないのは気の毒だと、いくぶんの優越感を含みつつ言っているわけです。友人にしたら大きなお世話です。彼にとってお酒なしでも人生は十分に楽しく、料理はしっかりとおいしく、従って何ら不自由はなく、憐れまれる筋合はありません。

「それにね」と彼は続けます。「私はアルコールがダメなんで」と断わると、すぐに相手は「そうか。じゃ、ジュースね。いやコーラがいいかな」と来るそうです。近年は「ウーロン茶か?」が増えています。そう言う人は自分がガバガバお酒を飲むので気が引けるのか、「もっとコーラどう? もう少しウーロン茶飲んだら?」とうるさく勧めます。取り立ててそれが好きでもない人にはわずらわしいだけで、これも大きなお世話です。仮に好きであっても、ソフトドリンクスはお酒と違い、それほど飲めるものではありません。また、ジュースにしろコーラにしろウーロン茶にしろ、その固有の味は料理を引き立てるより、むしろ妨げる方に作用します。日本のウーロン茶の位置にあるアメリカのアイスティーも同様です。

ノンアルコール飲料の王者は水だと思います。食前酒のように食欲を掻き立てるか、ワインのように料理を引き立てるか、食後酒のように消化を促すかはさておき、サッパリ感をもたらしつつ、何の妨げにも決してなりません。レストランでジュースやコーラを注文して、やや奇異な眼で見られることはあっても、水ならそうはなりません。日本では無色無味の水だと何か申し訳ない感じがあるらしく、アルコール人間はしきりに色と味がついた水を勧めてくれます。ノンアルコール人間としては大きなお世話に感謝しながら、単なる水を頼むのがいいでしょう。ちなみに、フランスで単なる水をシャトー・ラ・ポンプと呼ぶことがあります。シャトーはワイン名の「シャトーX」のシャトー、ラは定冠詞、ポンプは水を汲み上げるあのポンプ、合わせて「シャトー・ラ・ポンプ2015年」なら、「いま水道から取ったタダの水」の意味です。

31 食卓の「世界三大…」

いろいろなものについて、よく「三大ナントカ」というのを聞きますね。日本三景、三大七夕、世界の三英雄……小学校の習字の時間に、三筆とか三蹟とか教わりました。三はどうも座りのいい数字で、これが二や四だと「なぜその二つなのか」「この四人とする理由は何か」などと訊きたくなるのですが、三と言われると特段の根拠なしに、何となく納得してしまうところがあります。飲食の分野にも、「三大ナントカ」がいくつかあります。

一つ目は「世界三大料理」です。世界中にあまた料理がある中で、三大料理と称されるのはどこの料理だと思われますか。ほとんどの人はまずフランス料理、そして中国料理を挙げます。順番が逆のことはあっても、この二つが入選するのはほぼ確実です。私の経験では、どの国の人でも同じです。東洋の中国と西洋のフランス、これが東西の正横綱なのは定説と言っていいでしょう。問題は三番目の、張出横綱です。

かなり前に、パリの三ツ星レストラン「グラン・ヴェフール」の主人レイモン・オリヴェが日本に来て、東京で講演会を開きました。彼は当時、頻繁なテレビ出演や外国出張から、フランスの料理大使と呼ばれていました。「世界に偉大な料理が三つあります」。みんな身を乗り出します。「一つは我がフランス料理であります」。誰もがこれは仕方がないという顔をしました。「もう一つは中国料理であります」。まあそうだろうと頷きました。「そしてもう一つは日本料理であります」。聴衆はドッと沸きました。「ただ、私は初めの二つはいつも変えませんが、三つ目は自分が話しているその国の料理にすることにしています」。これで一同、ガックリしました。

比較的多数の外国人が張出横綱に挙げるのは、トルコ料理です。日本人にはやや意外な感じがします。トルコ料理としてすぐに思い浮かぶのは、ケバブ（羊の焼肉）、ドルマ（肉や野菜の詰物）、キョフテ（肉団子）、ムサカ（薄切り茄子の挽肉サンド）、ピラフあたりですね。私は各地でトルコ料理を食べるようにしているものの、何せ本場のトルコで食べた経験がないため、それが中国料理フランス料理と並んで「三大料理」にランクインするのが正当か、判断できません。しかし、ヨーロッパとアジアの結び目に位置し、2000年にわたって大国であり続けた土地の料理が多くの人の敬意を集めるのは、理解できます。

二つ目は「世界三大穀物」です。前にもお話したとおり、人間の主食は、洋の東西を問わず穀物です。大人数を安定して養えるからです。三大穀物の一つは米です。インドシナ半島のメコン河流域が原産地とされ、粒の丸いジャポニカ種と、粒の長いインディカ種があります。このうちインディカ種がインド経由でイスラム世界に伝わり、そこから地中海、ヨーロッパへと伝えられました。私たちにとっては主食ですが、フランス料理では野菜の一種で、肉や魚の付け合わせにしたり、サラダに入れたりします。

お菓子にも使います。砂糖を加えて牛乳で煮て、卵黄とバターを混ぜ、カラメルを敷いた型で湯煎にかけたガトー・ド・リ（米のケーキ）がその例です。初めてパリに住んだ時、昼食に通う店のデザートにこれが出て、閉口した覚えがあります。「ミルクで和えて固めたごはんに甘いカスタードソースをかけて食べるなんて、わ、キボチ悪い！」と思いました。その後、「米イコールごはん」という先入主がなくなるにつれて、米のケーキも喜んで食べるようになりました。

「米は野菜」であるヨーロッパの主食は小麦です。地中海東岸付近が原産地とされ、パンやケーキ用の普通小麦と、パスタやクスクス用の硬質小麦と、何にも向くし粒のままでも食べられるスペルト小麦があります。麦には他に、ビールやウィスキーの原料になり麦メシとしても食べられる大麦、黒パンになるライ麦、ポリッジやオートミールになるオート麦がありますが、三大穀物に数えられるのは小麦です。

三大穀物のもう一つのメンバーはとうもろこし

です。南米のアンデス山地が原産地とされ、人間が食べるスイートコーン、家畜が食べるフリントコーン、コーンスターチの原料になるデントコーン、スナックでお馴染みのポップコーンがあります。ヨーロッパがとうもろこしを知ったのは、もちろん新大陸「発見」の後です。フランス料理ではあまり見かけません。僅かにコーンスープに登場する程度です。イタリア料理には、粉を煮て練ったポレンタがあります。

三つ目は「世界三大珍味」です。その一つがフォワグラです。家鴨や鵞鳥に餌を大量に与えてむりやりメタボにし、異常に肥大させたその肝臓です。フォワが肝臓、グラが「肥った」です。それをマリネして型に詰め、湯煎してオーブンで焼いたテリーヌが冷製の代表、スライスしてソテーしたのが温製料理の代表です。味はあん肝（魚のあんこうの肝）にやや似ています。最近、むりやり食べさせるのは人道上、いや鴨道上いかんと批判されて、生産や輸入を禁止する国も出て来ましたけれど、フランスやハンガリーなどは古代ローマ以来の伝統を絶やしてはならんと、しっかり生産や輸出を続けています。

もう一つはキャビアです。いまさら言うまでもない蝶鮫の卵の塩漬けで、ロシア南部やイランが主な産地です。キャビアは親の蝶鮫のサイズによって、三種類に分けられます。大の卵がベルーガ、中の卵がオセートラ、小の卵がセヴルーガであり、味も値段もその順番です。容器のラベルの色が、それぞれ青・黄・赤ですから、買う時にも区別は簡単です。それらの下の言わば番外に、プレスキャビアがあります。プレスハムと同様、各種をまぜこぜにして圧縮したもので、味も値段も庶民的です。

そしてもう一つがトリュフです。西洋松露と訳される茸で、カシやブナの根元の地中に生えます。かつては豚に今では犬に、ここ掘れブーブーとかワンワンとか、ありかを突き止めさせ、見つけたら鵜飼よろしく首輪の紐を引っ張り、人間が

31 食卓の「世界三大…」

おもむろに掘り出す採取法で有名です。南西フランスの冬の黒トリュフ、中部フランスの秋の灰色トリュフ、北イタリアの夏の白トリュフがあります。歯応えサクサクポロポロ、「香り松茸、味しめじ」ならぬ「香りトリュフ、味セープ」的に、何と言っても香りが珍重されます。どんな香りか、言葉で説明するのは難しいので、レストランのメニューで見かけたら、ぜひ実物をご体験下さい。細かく切って「トリュフ風味ソース」、少し贅沢に薄く切って「トリュフ入りサラダ」、本当に贅沢には丸ごと「トリュフのパイ包み」のように、メニューには載っています。

四つ目は「世界三大ブルーチーズ」です。これについては前にチーズのお話をした際に、繰り返し触れました。羊乳から造るフランスのロックフォール、牛乳から造るイタリアのゴルゴンゾーラとイギリスのスティルトンの、三つの青かびタイプチーズです。メインディッシュを終えた後、少し寛いだ気分で、甘口のワインをお供にこれらを味わうのは最高です。中でもスティルトンの相手は、ポートに限ると言われます。

ポートはポルトガルの、ポルト港から積み出されたのに由来する名前の、酒精強化ワインです。酒精強化ワインとは、ブランデーなどの強い酒を加えてアルコール（酒精）分を上げたワインです。17度から20度ほどにします。日本酒より少し高いくらいですね。シェリーはスペインの、ヘレス・デ・ラ・フロンテラ地区に産する酒精強化ワインです。この二つに大西洋上のポルトガル領マデイラ島で出来るその名もマデイラを加えたのが、五つ目の「世界三大酒精強化ワイン」です。それぞれ辛口甘口があり、食前酒や食後酒として人気があります。

32 肉の階級

フランスで料理に使われる材料には、日本と共通なのもあるし、共通でないのもあります。今回は食材のお話、初めは肉です。ワインは赤・白・ロゼと、色で三つに分けられますね。フランスには肉もその色で赤・白・黒と、三つに分ける分け方があります。

赤い肉とは、牛や羊や馬などの肉です。白い肉とは、仔牛や豚や鶏などの肉です。そして黒い肉とは、それら飼育ものとは違う野生もの、つまり猪や鹿や野兎などの肉を指します。肉が本当に黒いわけではなく、そのくらい色が濃いということです。野生ものをフランス語でジビエと言います。最近は日本のレストランでも、「今日はジビエが入荷しておりまして……」と説明されたりする、あのジビエです。

それらの肉の間にも階級というか、一種の序列があります。概して野生ものの方が、飼育ものよりも尊重されます。味はともあれ、手に入りにくいからでしょう。また、概して大人より子供?が尊重されます。これはチビの方が、肉が柔らかく

32 肉の階級

てジューシーだからでしょう。牛より仔牛、豚より仔豚、羊より仔羊といった具合です。

同じく飼育ものでも、日本では「牛＞豚＞鶏」という序列が一般的ですね。立派な会食のメインディッシュがチキンでは収まりがつかず、どうしてもビーフにする必要があります。羊や馬はやや特殊な部類として、番外に置かれています。フランスでは仔羊の地位が高く、鴨と並んで上位に来ます。鶏も日本とは違って、豚よりは上にランクされるようです。馬や兎は特殊な部類として、番外に置かれます。調理法によるものの、メジャーなメンバーを図式的に示せば、「仔羊・鴨＞牛＞鶏＞豚」となります。

飼育ものの鴨は家で飼う鴨ですから、本当は家鴨です。ただ、「カモのオレンジ煮」ならおいしそうでも、「アヒルのオレンジ煮」ではどうも響きがよくありません。だから実際は家鴨であっても、日本語では鴨で通しています。私も日本酒を呑みながら「カモせいろ」を食べるのは好きですけれども、「アヒルせいろ」は注文したくありません。本来の鴨である真鴨は、ジビエとして扱われます。日本で真鴨の雄を俗に青首と呼びますね。面白いことに、フランスではそれを緑首（コルヴェール）と呼びます。信号の青もフランスでは緑と言いましたっけ。「鴨のオレンジ煮」はパリの豪華店トゥール・ダルジャンの名物料理で、昭和天皇がそこで召し上がって以来、日本でも有名になりました。

フランス人は鶏について、かなり意識的な人たちです。雄鶏・雌鶏・肥育鶏・去勢鶏・若鶏・小型雛鶏・大型雛鶏を表わす、それぞれ別の単語を持っていることからも、それは窺えます。その種類ごとに、適した調理法をさまざまに工夫しています。主にハムやソーセージに加工する豚より、料理用の肉としての階級が上なのも理解できます。それに、何と言ってもおいしいのです。中でもフランス中東部、リヨンとレマン湖の間のブレス地方の鶏には定評があり、ちょうど日本の「神戸ビーフ」が世界的に有名であるように、「ブレスの鶏」は確立したブランドです。

鴨や鶏の他に飼育もののトリでよくお目にかかるのは、鶉《うずら》、鳩、ほろほろ鳥あたりです。鳩はエジプトだけでなくフランスでも、特に仔鳩を好んで食べます。ほろほろ鳥はサッパリした味が人気で、フランスは世界一の飼育国です。フランス語でパンタード、英語ではギニア・ファウル（ギニアの家禽）です。西アフリカ原産のこのトリは、トルコ経由でヨーロッパに伝わったため、イギリス人はそれをターキー（トルコ）と呼んでいました。新大陸から七面鳥がもたらされた時、ほろほろ鳥と混同して、それもターキーと呼びました。やがて違いが判明しましたが、新参者の七面鳥がターキーの名に居座り、もともとターキーだったほろほろ鳥は原産地にちなんで改名させられてしまいました。七面鳥はフランス語ではダンド（インドの）です。原産地のアメリカを、当初は新大陸でなくインドだと考えたので、コック・ダンド

32 肉の階級

（インドの雄鶏）と名づけ、その後ダンドに縮めました。英語ではトルコ、フランス語ではインドの二つの顔を持つ二面鳥いや七面鳥も、時々見かけます。

飼育もののトリには、兎も含まれます。ピョンピョン跳ぶ＝飛ぶからでしょうか。日本でも兎は一羽二羽と、鳥と同じように数えますね。野兎より小ぶりな穴兎を飼い馴らした家兎です。町なかのマルシェで姿のまま何羽も吊るしてあるのを見るとギョッとしますけれど、背肉や腿肉が煮込みなどに仕立てられる、優れた食材です。

野生もののトリでは、野生の鴨の真鴨や野生の鶉の山鶉や野生の鳩の森鳩の他、雉や鶫《つぐみ》や雷鳥を食べます。最も尊ばれるのは山鴫《やましぎ》で、「猟鳥の王」と言われます。これは「獲ってもいいが売ってはならない」とされています。貰ってもいいけど買ってはならないため、レストランでは出さないのが建前です。しかし、手違いというのはいつどこにもあるもので、何らかの手違い、意識的な手違いから、「今日は山鴫が入ってます」と、口頭で案内されることがあります（手違いはメニューに載せるわけには行かないので、口頭なのです）。そんな場合は、少々の出費は覚悟して、話の種にぜひ試されるようお勧めします。

顔ぶれが賑やかなトリと違って四ツ足の方は、野生ものが猪・鹿・野兎、飼育ものが牛・豚・羊くらいと、種類は限られています。しかし、トリより大きな体の隅々まで使う分だけ、食材としての幅はあります。普通に食べる肉以外の部分を総称して、フランス語ではアバと言います。最近は日本でも「アバ料理」を掲げる店が出来たりして、アバという言葉が市民権を持ち始めています。

アバのうち、私たちにお馴染みなのはまずレバー、肝臓ですね。シチューにするタン（舌）やテール（尾）も、以前から西洋料理に登場していますし、頬も「牛頬肉の赤ワイン煮」で、今では珍しくなくなっています。変わったところでは、足があります。足の肉を骨から外して茹でた後、グリルやフライにします。「ピエ・ド・コション」というのをお聞きになったことがあるかも知れません。ピエは足、ドは英語のオヴ、コションは豚、合わせて豚足であり、その料理を名物とするパリの店の名前にもなっています。胃や腸を掃除して茹でたものをトリップ、イタリア語ならトリッパと言い、刻んでワインなどで煮込みにします。他にも頭とか耳とか脳とかが、通常の料理として出て来ます。しかし、日本で「ホルモン」があまり上等な食材とは思われないように、フランスでもアバはそれほど高級な食材とは見做されません。

その中で、「高貴なアバ」と呼ばれるものが二つあります。一つは喉、正確にはその下の胸腺です。「リ（胸腺）ド（オヴ）ヴォー（仔牛）のクリーム煮」など、きちんとしたレストランのメニューに載ります。もう一つは腎臓です。「ロニョン・ド・ヴォーの芥子ソース添え」など、堂々たる一品料理として扱われます。ホントーに個人的な話ですが、私は恥ずかしながら仔牛の腎臓が大好きです。これをローストして、塩と胡椒くらいの味つけで、それに平たいフレッシュパスタを添えたりすると、もうコタエられません。メニューに書いてあれば、矢も楯も堪らず、まっしぐらに注文してしまいます。できたら切らずに、丸ごと一頭分を出して欲しいと思うほどです。

33 魚介の階級

前項では四ツ足と鳥との「肉」のお話をしました。次は「魚」です。フランスの国土はほぼ正六角形で、その六辺のうちの三辺が、イギリス海峡・大西洋・地中海の岸であり、海産物は豊富です（ちなみに残りの三辺では、ベルギーとルクセンブルクとドイツ、スイスとイタリア、スペインに接しています）。昔は輸送や冷蔵の手段が発達していなかったので、海岸から10キロ以上の内陸では新鮮なのが口に入らなかったと言われますが、今ではレストランでも家庭でも、おいしいまに魚介が食卓に上っています。

肉について、一種の序列みたいなものがある、とお話しました。魚はどうでしょうか。日本では、何が何でも鯛が一番、ですね。色といい形といいまことに姿がよく、正月をはじめとするお祝い日、受賞をはじめとするお祝い事、おめでたい場合の彩りに欠かせません。竜宮城のもてなしは「鯛や鮃の舞踊り」ですから、鮃がそれに次ぎ、あとは平民というか、平魚のようです。フランスでは、鱸《すずき》が「海の王様」と呼ばれています。

大西洋の鱸はバール、地中海の鱸はルー、同じ魚でも場所によって名前が違います。身が締まって淡白な味わいです。それと並ぶのが鮃で、こちらは「肉断ち期の王様」と呼ばれます。復活祭の前の40日間、肉を食べてはいけない期間の最高のご馳走というわけです。テュルボティエールという専用の菱形鍋まであり、この魚が尊ばれているのがわかります。「海の王様」と「肉断ち期の王様」のどちらがエライかは、食べてみて判断してください。

　レストランのメニューによく登場する顔ぶれは、他には鯛と的鯛《まとうだい》です。これらに共通する特徴は、肉質が繊細で、それ自体に強い個性がないことです。個性がハッキリしていると、調理法が限定されます。鱸にせよ鮃にせよ鯛にせよ的鯛にせよ、品がよくてアクが強くないため、さまざまな加熱や調味に無理なく合う、調理によって味がどのようにも変化する魚です。調理しやすい、調理しがいがある、フランス料理がこれらの魚を好む理由はそれだと、私は考えています。鮪や鰹、鯖や鰯では、そうは行きません。それらは自分の個性をしっかり主張します。そのため適する調理の間口が狭く、レストランのメニューに登場することが少ないのです。

　鮭は別格です。個性は鮮やかですけれども、スモークでもマリネでもグリルでもソテーでもそれぞれおいしく、人気があります。同じく別格的なのが、舌平目です。西洋料理で魚と言えば舌平目のムニエル、舌平目ならドーバーソール、そのくらいに日本では有名です。舌平目を指すフランス語ソールの語源はサンダルです。あの形がフランス人には履物を連想させるんですね。日本語で舌平目の別名はウシノシタです。あの形は日本人には動物の舌を連想させると見えます。地中海の海岸近くで、ひめじが獲れます。これは「海の山鴫《やましぎ》」と呼ばれます。山鴫は「猟鳥の王」とされるジビエでしたね。その海版というのですから、体長20〜30センチのこの魚も、個性的ながら高級

33 魚介の階級

魚の部類に含めるべきでしょう。

海の王様やら肉断ち期の王様やら、海の山鴫まで出てきましたが、ついでにもう一つ、「海の枢機卿《すうききょう》」を挙げておきます。英語でロブスター、フランス語でオマールの、あの大きな海老です。最近は日本のレストランでも、オーストラリア産やカナダ産のオマール海老によくお目にかかります。フランスでは大西洋に面したブルターニュ地方の名産で、見てくれも味もお値段も、実に堂々たるものです。ナマでは緑がかった褐色なのが、火を加えると赤に変わります。その色が、教皇に次ぐ高位司教の法衣に似ているとして奉られた尊称が「海の枢機卿」です。

尊称ではなく、本名に「騎士」がついている魚もあります。スイス寄りの山地で獲れる淡水魚で、アルプスイワナと訳されるオンブル・シュヴァリエです。オンブルは岩魚の総称、シュヴァリエは男爵の下の貴族である騎士です。「岩魚の騎士」または「騎士的な岩魚」は、淡水魚の中で

最もデリケートな肉質をしている、と珍重されます。人間の騎士が一般にデリケートだったかどうかはともあれ、この魚の味に敬意を表して本名につけたのでしょう。これには日本ではもちろん、フランスでもなかなか簡単にお目通りできません。

以上のようなところが、フランス料理で使う魚介類の序列上位に来ます。コト海産物に関しては、その他に私たちにとって目新しいものはほとんどありません。何せ日本は、国土の広さこそ世界第六一位に過ぎないものの、海岸線は第六位でオーストラリアやアメリカより長く、中国の倍以上です。しかも、寒過ぎず暑過ぎない位置に北から南に列島が延びていますから、海産物は量も潤沢、種類も多彩です。知らないものに出会って驚くのではなく、むしろこういうものをフランス料理でも使っているのかと驚くことが多いと言えます。たとえば白子、魚の精巣ですね。日本では鱈の白子が高級品とされますが、フランスで多いのは鰊の白子です。ムニエルにしたり、グラタンにしたりします。またカラスミ、魚の卵巣ですね。日本では鯔《ぼら》の卵巣を塩漬けして圧縮し、その形が中国の墨に似ているため唐墨《からすみ》と呼びます。フランスでも鯔が大部分で、稀に鮪もあります。スプーンで掬うとか薄切りをカナッペに載せるとかします。

淡水産となると、話は少し違います。海とは対照的に、川や湖は言わばローカルカラーが濃いのです。鯉や鱒や鰻など、日本と共通なものもありますけれど、日本では見かけない、あるいは使われないものもあります。見かけない方の代表が川《かわ》魳《かます》で、50センチほどのこの魚は、たいてい擂り身にしてクリームソースで出されます。日本では使われない方の代表がざりがにで、水煮、グラタン、パイ包みにして出されます。日本のレストランでは、ザリガニだとどうも意気が上がらないので、フランス語のエクルヴィスをそのまま片仮名でメニューに載せています。アヒルだとどうも具合が悪いためカモと書くのと同様です。

フランス料理で忘れてはならない、二つの淡水魚があります。一つはかたつむりです。え、あれが淡水魚なの？と思われるかもしれません。かたつむりは陸生の巻貝であり、貝は魚料理に含まれ、陸生だからして海水魚ではない、従って淡水魚扱いなのです。キボチワルイ！と思うのは、あれを殻つきのなめくじと考えてしまうのが原因です。さざえの子分みたいな貝なのだと考えれば、何でもありません。バターとパン粉をかけ、パセリを振ってにんにくを効かせたオーブン焼きが、典型的な調理法です。これもカタツムリでは抵抗があるだろうと、フランス語のエスカルゴで通すのが普通です。

もう一つは蛙です。蛙はご存知のとおり両生類ですが、陸生より水生のイメージが勝るらしく、やはり淡水魚扱いされます。日本にも食用蛙があるので、日本人にかたつむりほどの抵抗感はないようです。それでも実際に食べたことのない人にとっては、青蛙を頭からバリバリやる気がして、ゲテモノ感があるようです。食べるのは赤蛙の、それも後脚の腿肉だけです。ピョンと跳ぶために発達して盛り上がった、あの太腿です。よく「鶏と魚の中間」と形容されるその肉質は非常に繊細で、それそのものに味はありません。その意味ではフランス料理向きの食材と言え、ムニエルにもフライにもスープにも、いろいろに調理されます。蛙は大陸の国々では好まれるものの、イギリスでは嫌われており、イギリス人はフランス人を「蛙喰い」と称して軽蔑します。日本の英和辞典のフロッグの項にも、「（軽蔑的に）フランス人（のこと）」と載っているほどです。

34

フランス料理の季節感

日本の料理には、器の中にせよ周辺にせよ、季節を際立たせようとするところがありますが、外国にももちろん四季はあるし、食材や調理にそれがあらわれます。今回はフランス料理の季節感をめぐってのお話です。

春から始めましょう。春はフランス語でプランタン、プランは「第一の」、タンは「時、季節」、合わせて「第一の季節」です。春になるとどうなるか。新しい野菜が出まわり始めます。中でも、フランスで最も素晴らしいものの一つであるサラダの主役、サラダ菜です。日本のサラダの主役のレタスには、なかなかお目にかかりません。レタスはアメリカ生まれの野菜であり、英語でアイスバーグ（氷山）レタスと呼ばれます。形が氷山に似ているんですかね。フランス語でもそのまま、レテュ・アイスベルグと言います。

イキのいいサラダを食べて春を感じるために、ドレッシングが必要です。いわゆるフレンチドレッシングは、フランス語でヴィネグレットです。いかにもヴィネガー（酢）から来た名前で

34 フランス料理の季節感

す。これをうまく作るには、四人が居ないといけないそうです。油を入れる浪費家、酢を入れるケチ、塩を入れる賢人、全部をかきまわす乱暴者、この四人です。油はタップリでなければならず、酢は多過ぎてはならず、塩は加減せねばならず、それらを思いっきりかき混ぜねばならないんですね。

肉では仔羊です。羊は秋に雄と雌が仲良くし、春先に子供が生まれます。昔は復活祭の前40日間、肉食が禁じられていました。その40日が始まる直前に肉を食べ納めするのがカーニバル（カーニ＝肉、ヴァル＝やめる）で、日本語では肉に感謝するお祭、つまり謝肉祭と訳されます。40日が明けた復活祭には、ちょうど食べ頃になっている仔羊を一頭丸ごとローストし、「よォし、肉を食うぞ！」と、皆で春の到来を祝ってモリモリ食べた伝統があります。今では丸ごとでなく、背肉やフィレ肉や鞍下肉を、ローストしたり網焼きしたりソテーしたりして食べます。私が好きなのは、ナヴァランという煮込みです。バラ肉か肩肉に小麦粉をつけ、じゃが芋・小玉葱・人参・隠元・蕪などの春野菜と一緒に煮込んだ料理です。ちょっと冷やした赤ワインで仔羊のナヴァランを食べると、ああ春になったと実感します。

夏の走りに気がつくのは、レストランのメニューに「生ハム添えメロン」を見かけた時です。なぜか必ず「生ハム添えメロン」であって、「メロン添え生ハム」ではありません。実際はどちらがメインでどちらがサブか、わからない量が一皿に載ります。肉厚のメロンの冷たさと爽やかさと甘みが、ごく薄い生ハムの常温と脂気と塩味とバランスをとって、とても素敵な前菜です。メロンではなく、いちじくを生ハムに合わせることもあります。いちじくも夏の果物ですね。私は白桃でやってみて、生ハムとの組合せが悪くないと思いました。生ハムを使わず、半切りのメロンの凹んだ中央にポートワインを注ぐ、「ポート添えメロン」もあります。

ハムには豚の腿肉を塩漬けして乾燥させ熟成させた生ハムと、塩漬けしてから茹でた加熱ハムとがあります。生ハムか加熱ハムかを煙燻して保存性を高めたのが、スモークハムです。メロンやいちじくと合わせるのは専ら生ハムであり、加熱ハムではどうも具合がよくありません。生ハムといえば、スペインのハモン・セラーノやイタリアのプロッシュット・ディ・パルマが有名ですが、フランスにもジャンボン・ド・バイヨンヌやジャンボン・デ・ザルデンヌなど、おいしい生ハムがあります。

トマトはいつでも手に入るものの、やはり夏らしさが一杯の食材です。ペルー原産のこの野菜は、今ではソースをはじめ、フランス料理のいろいろな方面で用いられています。しかし、何と言ってもトマトが素晴らしいのは、生のままのサラダです。サラダ菜1枚を敷いた上に縦切りにして載せてドレッシングをサッとかけた、ただそれだけのトマトサラダは、私たちが忘れかけてい

34 フランス料理の季節感

る、あの健康的な、ほのかな甘さを含んだ、ハチ切れそうな味がします。「これが夏だす！」と語っているようです。

秋の風物詩としては、第一に生牡蠣を挙げなければなりません。牡蠣は英語でRがつく月の食べものとされていますね。フランス語でも同じです。フランス語の月の名前も、9月から4月までにRがつきます。9月の終わり近く、あちこちのレストランの入口脇に牡蠣スタンドが出始めます。もともと魚介類をナマで食べる習慣がないフランスでも、牡蠣だけは例外で、以前から盛んに生牡蠣を食べています。日本と同じ凹んだ形のと、凹まずにベタッと平たいのと、2種類あります。これにレモンを垂らすか、エシャロットを刻み入れたワインビネガーをかけて食べるのが普通で、食通と称する普通でない人たちは、何もかけずに食べたりします。

スタンドには牡蠣だけでなく、ナマのムール貝や浅蜊や雲丹、茹でた巻貝や海老や蟹も並んでいます。それらを盛り合わせた「海の幸トレー」は見てくれも豪華であり、お値段もかなり豪華になります。半ダース単位で注文する牡蠣やムール貝を食べ、ワァ海老だキャア蟹だと喜んでいると、懐がやせ細る一方、おなかは膨れてきて、そのあとに運ばれるメインディッシュの雄姿?を見てゲンナリすることがままあります。生牡蠣も「海の幸トレー」も、あくまで前菜なのです。フランスで牡蠣はナマの他、グラタンやベーコン巻きにしても食べますが、牡蠣フライはついぞ見かけた覚えがありません。

牡蠣スタンドと並ぶ秋の名物は、焼き栗売りです。メッキリ寒くなった町の中をおじいさんや男の子が「マロン・ショー（熱い栗）！」と、呼び声をあげて売り歩きます。おばあさんや女の子ではないのが不思議です。正確には、一つのイガに一つの実が入っているのがマロン、複数入っているのはシャテーニュと呼びます。シャテーニュよりマロンの方が上等とされます。私は栗は単に焼いたのより、茹でてシロップに漬けて糖衣をかけたのが好きです。ええ、マロン・グラセです。

冬はとにかくジビエです。ジビエとは飼育ものでない、猟で獲る野生ものの動物や鳥でしたね。狩猟が許可される期間は、種類や地区によってマチマチながら、おおむね9月から2月までで、最盛期は11・12・1月です。動物では猪・鹿・野兎が御三家であり、これらにはよく果物入りのソースとか、煮た果物の付合せとか、果物のジャムとかを添えます。癖のある肉に甘みで一種の釣合をとるのでしょう。野兎を赤ワインで蒸し煮して、その煮汁に内臓を入れて漉して血でつないだソースをかける「ア・ラ・ロワイヤル（王様風）」は、冬らしいドッシリした料理です。

鳥の類で一般的なのは、真鴨・森鳩・山鶉《やまうずら》あたりです。稀に散弾銃のタマが含まれていることがあり、一瞬「なんだ、これは?」と思い、「なるほど、これは!」と納得します。ジビエに多いのはサルミという料理です。イタリアのドライソーセージのサラミではありません。鳥を軽く焼いて切り分け、ガラをワインで煮詰めて出し汁を加えてバターで仕上げたソースと合わせ、軽く煮込むものです。

茸の季節は種類により、春夏秋冬さまざまです。「茸の王」と言われる春の編笠茸、「死者のトランペット」と名前がすごい夏のラッパ茸、イタリアでポルチーニと呼ばれる秋のセープ茸などが、それぞれの代表です。それでも茸を冬の季節感に挙げたいのは「黒いダイヤモンド」、トリュフのためです。トリュフの中でも最高と評価される黒トリュフの採取はクリスマスから3月初めまでがシーズンで、寒さの盛りがそのピークです。缶詰や壜詰で一年中食べられますけれども、香り高いフレッシュものは段違いの味わいです。

35 国々の料理

前にあちこちの国のチーズをご紹介しました。また、いろいろな国のワインについてもお話しました。今回はさまざまな国の料理を見てみましょう。

◆アメリカ

大学の授業でのことです。「世界史上の三大英雄というのがあります。アクサンダー大王、ジュリアス・シーザー、ナポレオン1世です。アレクサンダーは紀元前4世紀のマケドニアの王様で、ギリシャの北からインドの北西部まで、勢力を広げました。では、シーザーって知ってますか」ナント、誰も知らないようです。中で女子学生が勢いよく手を挙げて、「サラダ！」。サラダが英雄か、この。シーザーズサラダはそのくらい有名です。堅くて縮れた細長い葉のロメーヌレタスにパルメザンチーズを振り、卵と揚げパンの細片とアンチョビを散らしてニンニクを効かせたサラダですね。その名前は古代ローマの軍人政治家とは何の関係もなく、１９２４年にティファナのレストラン「シーザーズ」が出したからです。生まれはギリギリのメキシコ領内、育ちはすぐ近くの国境を越えたアメリカ、今ではすっかりアメリカの代表的サラダです。

◆ブラジル

世界で5番目に広いこの国は、熱帯の北部・高原の中部・温帯の南部に分かれます。「ブラジルの料理と言えばコレ」的に名高いフェイジョアーダは、北部の出身です。うずら豆と細切れの牛肉とベーコンのシチューを、オレンジを載せたバターライスにかけ、マニオク芋の粉を散らし、唐辛子を溶いたような強烈な調味料と青菜を添えた料理です。さとうきびの蒸留酒ピンガをライムで割ったカクテルを、次々にお代わりしながら食べると、間違いなく病みつきになります。

◆ロシア

ロシアのキチンとした食事は、前菜・スープ・主菜・デザートで構成されます。前菜はザクースカと呼ばれ、お馴染みのピロシキはその一つです。スープでよく知られているのは、ビーツで赤く染まったボルシチでしょう。メインディッシュの代表はストロガノフです。細切りの牛肉と玉葱とマシュルームをクリーム入りで煮込んだ料理であり、付け合せの定番がピラフなので、日本人にも人気です。名門ストロガノフ家の末代近くの伯爵が作らせ、それが20世紀になって広まったとされています。

◆インド

面積は中国の三分の一ほどですが、それでも日本の約9倍もある国です。東部は菜種油と魚介、西部は落花生油と乾燥豆、南部はココナツ油と米、北部は精製バターのギーと小麦が、大きく分けた特色です。何と言ってもインドはカレーですね。カレーはカルダモンなどで香り、生姜や唐辛子で辛み、ターメリックで色をつけた混合スパイスを使った料理の総称です。インドではもともと料理に合わせてスパイスを調合するのですけれど、イギリス人はインド風の煮込みをインスタントに作りたいと思い、そのために考案されたのがカレー粉の始まりと伝えられます。

◆トルコ

世界三大料理の一つに挙げる人も多いトルコの料理を、素通りはできませんね。前菜には揚げ野菜や塩漬肉、スープにはレンズ豆や米や肉入り、魚料理には網焼きやフライやスープ煮、肉料理にはケバブ（羊の焼肉）やドルマ（肉や野菜の詰物）やキョフテ（肉団子）、パスタにはパイやピッツァやピラフなどがあります。私が好きなのは、縦に薄切りにした茄子の間に挽肉をはさんだムサカです。ただし一緒に飲むのは、干し葡萄から造る蒸留酒ラクの水割ではなく、辛口のロゼワインにしたいものです。

◆モロッコ

アフリカ大陸の北西端の国です。東隣のアル

ジェリア、その東隣のチュニジアとともに、地中海に面したこの一帯はアラブ世界の西半分で、マグレブ（日が沈む所）と呼ばれます。東半分の「日が昇る所（マシュリク）」は、リビアからイラクまでです。モロッコに限らず、マグレブの料理の中心はクスクスです。パンを作る軟質（普通）小麦とは別の、パスタを作る硬質（デュラム）小麦の粗挽き粉の粒状パスタで、それを使った料理も指します。クスクスを深皿に盛り、そこへ羊などの肉と人参・蕪・茄子・じゃが芋・ひよこ豆などの野菜を入れたシチューをザバッとかけ、赤唐辛子主体のペースト状の調味料ハリサをタップリ添えて食べます。恥ずかしながら、いや全然恥ずかしくなく、私はこれが大好きで、レストランでも我が家でも、クスクスと聞くと思わず顔が綻びます。クスクスという名前は、一見小鳥の餌のようなこの粒状のパスタを蒸す鍋のケスケスから来ていると聞きました。なお、さきほどの「ハリサをタップリ」のタップリは、私の個人的好みです。

◆スペイン

そのモロッコから、狭いところでは14キロしかないジブラルタル海峡を渡れば、スペインです。日本で言うと奈良時代の初めから平安時代、鎌倉時代そして室町時代の三分の二まで、８００年近くもの間スペインはアラブの国でした。現在のスペイン料理ですぐ思い浮かぶのは、トマトなど野菜の冷製スープであるガスパチョ、煮込みのコシード、魚介入り米料理パエーリャといった顔ぶれですね。これらはそれぞれ、南部アンダルシア地方のパンと肉の熱いスープ、中部カスティーリャ地方の深鍋ゴッタ煮、東部バレンシア地方の鶏や兎入り浅鍋米料理を、20世紀になってから国民的料理に仕立て直したものです。今では、突出しを刺す用の楊子で食べるピンチョ、つまみ用の小皿で食べるタパ、それらを何種類も数多く続けるやり方が、外国でも人気を集めています。

◆イタリア

ロシア料理と同じく、現代イタリア料理の基本的構成は、前菜・スープ・主菜・デザートです。前菜はアンティパスト、スープ部分はプリモ・ピアット（第一皿）、主菜部分はセコンド・ピアット、デザートはドルチェです。内容的に大いに違うのが第一皿で、イタリア料理の代名詞みたいなパスタがこれに当たります。パスタはスープ扱いと、前にお話ししましたね。ピザもニョッキもポレンタもリゾットもパスタですが、やはり麺が主体です。北部は粉と水と卵をこねて厚さ太さを整えた生パスタ、南部はこねていろいろな形にして乾かした乾燥パスタの故郷です。スパゲティやリングイネなどのロングパスタも、ペンネやオレッキエッテなどのショートパスタも、すべて乾燥パスタです。私は冷製で食べる極細の乾燥パスタと、肉料理の付け合せに食べるきしめん状の生パスタに目がありません。

◆イギリス

料理がおいしくない国として定評があります。しかし私見によれば、それは凝った料理を食べるからいけないのであって、魚のフライにフライドポテトを添えたフィッシュアンドチップスやローストチキンなど、シンプルなものなら無難ですし、ジビエのパイ包みであるゲームパイやローストビーフなど、なかなかの味です。「無難」とか「なかなか」ではない、積極的なオススメの一つは、ある程度以上のホテルの朝食です。ジュース、シリアル、ベーコンエッグ、果物添えヨーグルト、鰊の燻製、あれほどまずい（失礼！）昼食や夕食とのコントラストに驚きます。もう一つは午後のお茶です。日本では「3時のおやつ」ですが、イギリスでは4時ごろです。丁寧に淹れた紅茶とスコーンやサンドイッチに、気分は最高です。

36 火通しの中国料理、ソースのフランス料理

●中国

他の外国の料理と違い、中国料理のあれこれについて、私たちは既にかなりよく知っていますね。チャーハン、ギョーザ、肉まん、飲茶、ペキンダック、酢豚、麻婆豆腐、冷盤、鱶《ふか》ひれ、焼きそば……それらを繞《めぐ》りながら、中国料理のお話をしましょう。

古くから中国は南船北馬の地と言われます。南部は河川が多く、人や物は主として船で移動し、北部は河川が少なく、主として馬で移動することを示す言い方です。移動手段だけでなく食べものでも、中国は大きく南北二つに分けられます。南の主力穀物は米です。米は暖かい気候を好む夏作物であり、粒のまま食べられます。チャーハンは基本的に南中国のものです。北の主力穀物は小麦です。小麦は涼しい気候を好む冬作物であり、粉にして食べられます。ギョーザや饅頭は基本的に北中国のものです。南船北馬になぞらえれば南稲北麦、もしくは南粒北粉になります。

料理の地方色を表わすのに、菜系という言葉が

36 火通しの中国料理、ソースのフランス料理

あります。菜は料理、系は系統、菜系とは料理の系統です。中国料理は五大菜系とか十大菜系とかに分けて語られます。最もわかりやすいのが四大菜系です。広い中国をエイヤと、東西南北に分けるやり方です。中国では南北東西の順なのか、それぞれの特色は一言で「南淡・北鹹・東酸・西辣」だそうです。

広州を中心とする南部は、食材も調理法もいろいろあって材工多彩、油気は比較的薄く、そのために「淡」なのです。淡いのが好きな日本人には一番親しまれる系です。飲茶もこの地方のものです。北京を中心とする北部は、北だけに塩味が濃く、そのために「鹹」なのです。鹹はシオカライという字です。この系ではペキンダックや羊のしゃぶしゃぶが有名です。上海を中心とする東部は、海に面し湖もあり、魚介類をよく使います。味つけは甘味と酸味が濃厚で、そのために「酸」なのです。酢豚をイメージすればいいでしょう。成都と重慶を中心とする西部は、内陸で油を多めに使い、唐辛子と山椒を強く効かせます。そのために「辣」なのです。辣はカライやキビシイの意味の字です。麻婆豆腐がこの系の典型です。

大まかな地方別の特色はそういったところですが、中国料理全体の特色は、何よりも火の通しです。日本語は加熱を表現するのに煮る、焼く、揚げる、蒸す、焙る、炒める、煎るなどの単語を持っていますね。漢字の本家である中国には、烤（輻射熱で）焗（オーブンで）灼（生姜汁で）煲（スープで）炸（多量の油で）炆（トロ火で）爆（手早く）など、部首に火を含む調理用の文字がゴマンとあります。それだけ加熱について意識的なわけであり、「中国料理は火の料理」という定言は正しいと思います。私たちが気をつけなければいけないのは、「焼」が「煮る」であって「焼く」ではない点です。「紅焼」とあったら醤油煮であり、醤油のつけ焼きではありません。

ちょっと外れますけど、火と中国人に関連して、忘れられない話があります。私が生まれるよ

り前に亡くなった祖父が明治時代に移民として渡ったバンクーバーを何年か前に訪ね、当時の模様を調べた際のことです。移民のほとんどは日本人と中国人で、みんなが劣悪な環境で暮らしていたようです。ある時、日本人がバタバタと死に、中国人は誰も死なない事態が起きました。日本人にはものをナマで食べる習慣があるのに対し、中国人は必ず火を通して食べるからだと、そこには書かれていました。加熱は何よりもまず安全に役立つんだと、改めて痛感したのです。（とともに、祖父の丈夫な胃腸に感心感謝しました。おかげで祖父は生き延び、生き延びたから父も生まれ、私がいま居るんですからね）

さて、現代の中国の標準的な食事構成は、前菜・主菜×3・スープです。前菜は冷製が普通で冷菜と呼ばれ、その代表がご存知の盛合せ、冷盤です。主菜は温製が普通で熱菜と呼ばれ、鱶ひれや鮑など高級食材を使った頭菜、炒めもの、煮もの の順に出されます。それからスープが来て、合

わせて一汁四菜となります。今の日本では一汁三菜とか二汁五菜とか、皿数は奇数が原則ですけれども、中国では偶数にします。チャーハンや焼きそばといったごはんものとデザート（甜菜）は、これらの後です。

●フランス

赤道が緯度0度で北極南極が90度ですから、45度がその中間です。フランスは北緯45度をはさんで広がる、日本の約1・5倍の国です。暑過ぎもせず寒過ぎもせずのほどよい気候に加えて、山あり海あり森あり平地ありの、変化に富んだ地形に恵まれています。そこに多種多様な食材が生まれます。フランス料理が料理の横綱とされるには、さまざまな理由が考えられるものの、食材の豊かさがその根底にあるのは間違いありません。

地方ごとの特産品をモトに、それぞれ名物料理が発達しました。地中海に面した南部プロヴァンス地方には、日本で恐らく一番有名なフランス料理であるブイヤベースがあります。近場で獲れる魚とポロ葱などの野菜を煮た魚介鍋で、手許のありものを入れればいいのですが、やかましい人は何についてもいるもので、かさご・ほうぼう・いとよりが正調ブイヤベースには欠かせないと主張します。次に有名なのはポトフでしょうか。ブイヤベースが海のごった煮なら、こちらは陸のごった煮です。煮込み用の牛肉とポロ葱や人参や蕪などの野菜を入れた、ポ（鍋）ト（に）フ（火）、「火にかけた鍋」です。このテの鍋ものは至るところで見られますけれども、スペイン国境に近い南西部アキテーヌ地方を挙げておきます。オニオングラタンもよく知られていますね。炒めた薄切り玉葱とパンにチーズを振りかけてオーブンで熱した、あれです。パリを中心とするイル・ド・フランス地方が本家と言われます。

ドイツと接する東部アルザス地方には、シュークルートがあります。幅広千切りキャベツと豚肉やベーコンやソーセージを蒸し煮した料理です。

最近は日本でも、あちこちでお目にかかります。あのキャベツは酸味があるため、「酢漬けキャベツ」と訳されたりしますが、実際には塩漬けして発酵させたものです。西隣のロレーヌ地方出身のキッシュは、日本の女性のお気に入りのようです。型に練り込み生地を敷き、ベーコンと卵と生クリームを詰めてオーブン焼きした、ケーキ状のプヨプヨ料理です。これらに比べると、舌平目のムニエルは高級料理の部類です。ムニエルは「粉挽き風」の意味で、小麦粉をつけてバター焼きし、焦がしバターとレモン汁と刻みパセリをかける調理法を指します。舌平目はイギリスとのドーバー海峡で獲れますから、北西部ノルマンディ地方としておきます。

ノルマンディ地方と西隣のブルターニュ地方との間に、観光地として名高いモン・サン・ミシェルがあります。私の大学の女子学生たちによると、ここのオムレツは今や、ブイヤベースとかポトフとかの比ではなく、フランス最大の人気料理という話です。何の変哲もない、単なるオムレツですけどね。確かに、その店の社長さんが日本に来た時に、「年間10万の日本人が食べに来る」と言ってました。年に10万人は日に約300人の勘定です。

中国料理全体の特色が火の通しであるならば、フランス料理全体の特色はソースでしょう。「ソースの種類は何百種類ある」「いや、何千種類だ」などと語られます。ほどよい気候と変化に富んだ地形が生む多彩で良質な食材に、数え切れないくらいのバラエティのソースを合わせ、フランス料理は料理の横綱を張っているわけです。

あとがき

2012年の1月から2014年の12月まで、㈱学研パブリッシングの月刊誌「上沼恵美子のおしゃべりクッキング」に、コラムを連載しました。初めの2年間が「ワインとチーズのお話」、3年目は「美味しい食卓、よもやま話」がタイトルでした。この本は、その連載をまとめたものです。

ワインとチーズや食事をめぐって自由にとのことで、毎回とくに明確なテーマを決めてではなく、ほとんど考えつくままに書き並べた、楽しい仕事でした。単行本化に当たって1話ずつに題名をつけましたが、「その回はまあだいたいそういった話を含んでいる」くらいのものですので、そのように受け取って、気軽に読んで貰えればと思います。

私はこの何年か、産業能率大学で夏と冬に「ガストロノミ」という科目の集中講義を担当しています。大学の授業と一般向け雑誌とでは取組みが違うものの、内容的にはかなりの部分が重なっています。そのため、講義用に書き下ろした『ガストロノミ――食を楽しむ知識と知恵』（2014年刊）とこの本とは、言わば相互乗入れしているところがあります。この本を読んでこうした方面に興味を持たれた方は、『ガストロノミ』もぜひお読みになるようお勧めします。
そのつながりもあり、単行本にするのは産業能率大学出版部にお願いしました。連載が終わってから短い間に出版してくださった編集部の福岡達士さん、坂本清隆さんに御礼申し上げます。また㈱ディレクターズ・オフィス・ケイズの林崎豊さんには、連載について何から何までお世話になりました。各話を楽しく彩ってくれたイラストは、イラストレーターの尾崎仁美さんの作品です。連載時のものをそのまま使わせて戴きました。ありがとうございます。

２０１５年初春、東京・代々木にて

佐原秋生

著者紹介

佐原　秋生（さわら　しゅうせい）

料理評論家、名古屋外国語大学教授

著書：『フランスレストラン紀行』 白水社、1979年
『上級グルメへの招待』 平凡社、1990年
『セーヌ、ハドソン、隅田川』 料理文化社、2003年
『ガストロノミ』 産業能率大学出版部、2014年など

訳書：『フランスのレストラン　ベスト50』（アンリ・ゴー著）柴田書店、1988年
『ガストロノミ』（ジャン・ヴィトー著）白水社、2008年など

ワインとチーズ、おいしい食卓

〈検印廃止〉

著　者　　佐原秋生

発行者　　田中秀章
発行所　　産業能率大学出版部
東京都世田谷区等々力 6-39-15　〒158-8630
（電話）03（6432）2536
（FAX）03（6432）2537
（振替口座）00100-2-112912

2015年3月13日　初版1刷発行

印刷所・製本所／日経印刷
（落丁・乱丁はお取り替えいたします）

ISBN 978-4-382-05720-3